图说盆景技艺

曹光树 谈秋毅 著

苏州新闻出版集团
古吴轩出版社

图书在版编目（CIP）数据

图说盆景技艺 / 曹光树, 谈秋毅著. -- 苏州 : 古吴轩出版社, 2023.7
（图说苏州园林技艺）
ISBN 978-7-5546-2155-4

Ⅰ. ①图… Ⅱ. ①曹… ②谈… Ⅲ. ①盆景 - 观赏园艺 - 图解 Ⅳ. ①S688.1-64

中国国家版本馆CIP数据核字(2023)第099232号

策划统筹：大河文化科技（苏州）有限公司
责任编辑：戴玉婷
见习编辑：沈　雪
装帧设计：蒋文明
责任校对：鲁林林
封面作品：2013年 第七届中国盆景展 金奖《蛟龙探云》虎丘景区

书　　名：图说盆景技艺
著　　者：曹光树　谈秋毅
出版发行：苏州新闻出版集团
古吴轩出版社
地址：苏州市八达街118号苏州新闻大厦30F
电话：0512-65233679　　邮编：215123
出 版 人：王乐飞
印　　刷：苏州市墨利印刷有限公司
开　　本：787×1092　1/16
印　　张：10.5
字　　数：119千字
版　　次：2023年7月第1版
印　　次：2023年7月第1次印刷
书　　号：ISBN 978-7-5546-2155-4
定　　价：98.00元

《图说苏州园林技艺》丛书编委会

总主编：曹光树

副总主编：顾益坚　华益明　周　达　韩立波

编委：（以姓氏笔画为序）

刘　伟　孙剑锋　李海克　张亚君　张　婕

陈　骅　罗　渊　钱宇澄　谈秋毅　薛志坚

本书编委会

主编：谈秋毅

编委：（以姓氏笔画为序）

卜复鸣　王继强　叶　枫　刘　伟　芮亮元　李　晨　李鹏飞

汪　越　沈学明　金建国　房海波　赵佳明　胡建新　钱厚霖

徐永春　曹建强　程洪福　谢肖寅

摄影：谢　飞　钱厚霖　谢肖寅

文字统筹：石良红

图文统筹：谈秋毅　毛婷婷

装帧设计：蒋文明

插图：毛婷婷

供图：史佩元　虞俏男　陈　铁

2016年 中国盆景展暨首届国际盆景协会中国地区展 金奖

《碧螺春色》虎丘景区

1982年 江苏省首届盆景展 最佳奖

《沐猴而冠》虎丘景区

绪论

苏州盆景始于唐，兴于明清，盛于当代，以其“清秀典雅”的风格位列中国盆景五大流派之一，是苏州园林艺术不可或缺的一部分。

本书以苏州盆景独特的造型艺术为视角，广泛收集苏州地区历来盆景艺术大师的创作经验和心得，以简驭繁，通过图文的形式，展示苏州盆景的历史演变、艺术魅力和精湛技艺，着重以苏州盆景的造型技艺为主线，详解苏州盆景各个类型的创作要领，让盆景初学者从中领略盆景艺术精髓，体验制作盆景的乐趣，力求打造集艺术性、科普性和趣味性于一体的读物。

一峰则太华千寻，
一勺则江湖万里。

目录

第一章

盆景的起源及历史演变

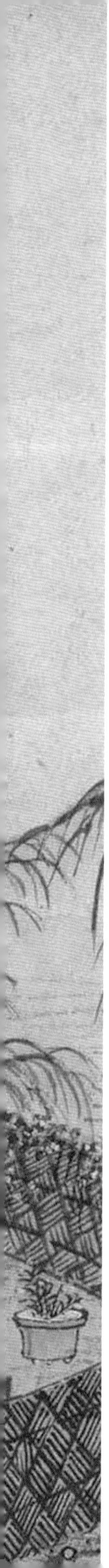

明　孙克弘《销闲清课图卷》

盆景的起源及历史演变

盆景，是微型的园林景观，是园林艺术中的璀璨瑰宝。在有限的空间中，以“咫尺千里，缩龙成寸”的艺术手法，藏参天复地之意于盈握间，达到“一峰则太华千寻，一勺则江湖万里”的意境。盆景陈设于园林厅堂屋轩内，点缀在假山水面间，是园林景观不可或缺的元素，也是园林艺术不可分割的部分。

新石器时代刻有盆景图案的陶器残片

追溯盆景的起源，按照目前国内盆景起源说的几个代表性观点，盆栽的起源可以上溯到新石器时代。1977 年，在我国浙江余姚河姆渡新石器遗址中，出土了两块刻画有万年青盆栽图案的陶器残片，从而将盆栽的起源确定在那个时期，而盆栽是盆景最原始、最简单的表现形式。

盆栽发展到了汉代，除了桩景外，还出现了盆和几架的配置，有河北省望都东汉考古发现佐证，并且出现了“东汉费长房能集各地山川、鸟兽、人物、亭台楼阁、帆船舟车、树木河流于一缶，世人誉为缩地之方”的缶景，它完全脱离了盆栽而更接近于盆景。唐代盆景已经呈现出多样性，除了桩景外还出现了山水盆景，主要出现在乾陵考古、西安中堡村考古和阎立本的《职贡图》中。唐代诗文中出现与盆景相关词句的有四十多首。

唐 阎立本 《职贡图》局部 台北故宫博物院

对盆景有确切考证是从宋朝开始的，且发展日益趋向成熟。台北故宫博物院收藏的宋人绘画《十八学士图》，有二轴绘有苍劲古老、姿态优美、虬枝露根的树桩盆景，形态与现代盆景已经非常接近。南宋苏州田园诗人范成大以山石制作盆景，并对盆景题字，还撰写了《梅谱》《菊谱》两部专著。到了元代，苏州高僧韫上人创作的“些子景”为很多盆景爱好者所喜爱。

宋 《十八学士图》

明 仇英《金谷园图》

明清时期对盆景的用材、制作手法有了系统的论述。盆景作为专用名词第一次出现在王鏊编著的《姑苏志》中，书中还明确记载了虎丘附近花园弄的种植养护盆景的专业户。盆景与园林的关系还体现在“明四家”之一仇英创作的《金谷园图》中。明代涉及盆景的代表著作有文徵明曾孙文震亨的《长物志》，其中专设“盆玩”篇，较详细地论述了盆景的制作、赏析及盆的配置，提出了对盆景创作进行赏析的经验和见解。

清代苏州盆景已经从单一的创作观赏、陈列，发展到运往外地进行交易。李斗所著的《扬州画舫录》里，记载了苏州的离幻和尚擅长制作盆景，每去扬州“玩好盆景，载数艘以随”，“一盆值百金”。乾隆年间徐扬绘制的《盛世滋生图》中苏州山塘街一段也反映出了当时盆景交易的

清　徐扬　《盛世滋生图》

情况：山塘河中过往的船只满载着盆景花木，街上店肆的门面上高挂着“各种花卉”“四季盆景”的店招。

清乾嘉年间，苏州人沈三白在他的《浮生六记》中对盆景的制作手法和要求做了详细的描述，其论述奠定了近代苏州盆景的理论基础。清代，苏州盆景制作出现了不少的高手，其中清光绪年间的盆景专家胡炳章最善于制作老桩盆景，二十世纪六七十年代朱子安等人创作盆景的理念就是借鉴于此。

朱子安

周瘦鹃

民国期间，苏州盆景以鸳鸯蝴蝶派文人周瘦鹃为主要代表人物，作为苏州现代盆景的奠基人物，周瘦鹃除了创作大量盆景外，还撰写了许多相关的文章：《花木丛中》《拈花集》等。1954 年出版的《盆栽趣谈》是新中国成立以来我国最早介绍盆景历史和制作方法的专著。现代苏州盆景的发展还有位重要人物——朱子安。目前苏州盆景的技法和创作理念基本是继承朱子安的风格，他将周瘦鹃“以

留园　又一村

剪为主、以扎为辅”的制作技法和“粗扎细剪”的理念应用于实践之中，创作了大量的有着明显苏州特色的盆景。

苏州盆景经过数百年的历史积淀和吴文化的熏陶，形成了鲜明的风格特点。

苏州盆景在新中国成立后更是发展迅猛。1954 年，在时任苏州市园林整修委员会副主任周瘦鹃先生的倡导下，拙政园辟西部花园西侧沿墙区域为盆景园，成为全国政府部门建立的第一个国有盆景专类园。

1961 年，中国农业科学院成立香花和盆景工作组，并在拙政园举行了规模较大的盆景展览，展出江苏、上海两地的盆景。

1971 年，苏州留园的“又一村”被开辟为盆景园，苏州盆景向规模化发展。

1981 年，国家城市建设总局根据地域文化素材资源、

虎丘 万景山庄

创作手法不同从而形成的各具风格特色的盆景，在《中国盆景艺术研究》报告中，正式确立了苏派盆景、海派盆景、扬派盆景、岭南派盆景、川派盆景为全国盆景五大流派。

1982 年，在风景秀丽、人文历史深厚的虎丘南麓的万景山庄建成苏州盆景园，为扬州、广州、上海、成都等地国有盆景园中规模最大的。

2007 年，苏州总工会、人社局、园林局在万景山庄内成立了“苏派盆景技能名师工作室”。

2011 年 5 月，“苏派盆景技艺”被纳入第三批国家级非物质文化遗产名录。

2013 年 9 月召开的第七届世界盆景友好联盟大会，将苏州万景山庄列为大会的五个交流中心之一。

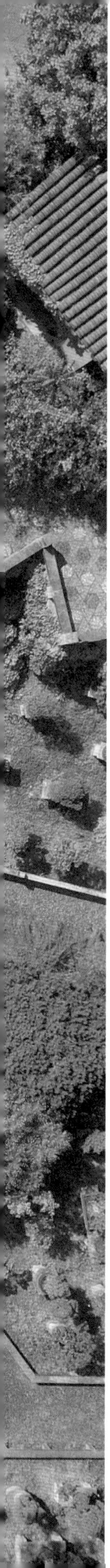

虎丘 万景山庄

第二章

盆景的分类

盆景的分类

根据中国盆景发展史、中国盆景评比展览展出类型及参考综合要素，盆景被分为树木盆景、山水盆景、树石盆景、微型盆景四类。

树木盆景

山水盆景

树石盆景

微型盆景

一、树木盆景

树木盆景是用树木与配景材料在盆中造型成景。以木本植物为制作材料，山石、人物、鸟兽等作陪衬，通过蟠扎、修剪、整形等方法进行长期的艺术加工和园艺栽培，在盆钵中表现旷野巨木葱茂的场景。

1. 树木盆景的常见类型

（1）直干式

直干式是以直为表现对象的树木盆景形式。直干式盆景有单直干、双直干、多直干、丛林式直干、低矮粗壮直干和瘦高硬直干等形式。

（2）斜干式

斜干式是树干横斜向上的树木盆景形式。其形式有单斜干、双斜干、多斜干、丛林式斜干等，适宜配石，树下宜布置摆件。

（3）曲干式

曲干式是树干弯曲变化的树木盆景形式。其常见形式有直曲式、斜曲式。

（4）卧干式

卧干式是主干横卧土面的树木盆景形式。

（5）悬崖式

悬崖式是树干下垂悬挂的树木盆景形式。

（6）临水式

临水式是树干斜伸如临水面的树木盆景形式。其与斜干式、卧干式甚至小悬崖式有相近之处，区别在于树干主体伸出盆面，临水平伸角度小，不可作下垂枝。

（7）附石式

附石式是树木附着生长于石上，树石景为一体的树木盆景形式。

（8）双干式

双干式是 1 株树木有 2 个树干的树木盆景形式。最常见的有双直干、双曲干、双斜干等，按式样来分，还可分为悬崖、公孙、文人树等。

（9）一本多干式

一本多干式是 1 株树木有超过 3 个树干的树木盆景形式，要求高低参差、前后错落、左右呼应。

（10）丛林式

丛林式是用单体树木栽植组合成丛林形式的树木盆景形式。

（11）风动式

风动式是所有树枝向一侧运动，从而展现出树木与自然抗争状态的树木盆景形式。

（12）垂枝式

垂枝式是树枝下垂的树木盆景形式，主要表现自然界中垂枝树木迎风摇曳、潇洒飘逸的景象。

（13）露根式

露根式是根部裸露的树木盆景形式，裸露的根犹如蟠龙巨爪支撑全株，古朴典雅。

2. 树木盆景制作常用树种

（1）松柏类

松柏类盆景以松科、柏科的常绿乔木、灌木为主。常用的树种有五针松、黑松、锦松、罗汉松、地柏、圆柏、刺柏、真柏、侧柏、赤松、白皮松等。

（2）杂木类

杂木类盆景种类众多，以小乔木、灌木、藤本类植物居多。其造型通常采取蟠扎、修剪并用的技法。常见的杂木类盆景树种主要有黄杨、雀梅、小叶女贞、榆树、三角枫、银杏、红枫、对节白蜡、檵木等。

（3）花果类

花果类盆景以小乔木、灌木、藤本类植物为多。常见花果类盆景植物主要有杜鹃、梅花、紫薇、六月雪、迎春、石榴、火棘、金弹子、枸骨、老鸦柿、枸杞等。

（4）竹类

用来制作盆景的竹类主要有佛肚竹、凤尾竹等。

二、山水盆景

山水盆景以山石为主要材料，通过雕琢、锯截、布局、胶合等创作手法，并适当配置些许植物，或点缀亭、桥、舟等摆件，再现自然山水的典型风貌。

1. 山水盆景的常见类型

（1）按尺寸分类

①小型山水盆景：

盆长在 16—50 厘米，宜放在室内空间作点缀装饰用。

②中型山水盆景：

盆长在 50—90 厘米，可放置于盆景园中，也可用于室内装饰。

③大型山水盆景：

盆长在 90—150 厘米，一般放置于盆景园中，不作居家装饰用。

（2）按视线角度分类

北宋著名画家郭熙曾在《林泉高致》中言：“山有三远，自山下而仰山巅谓之高远，自山前而窥山后谓之深远，自近山而望远山谓之平远。”而作为与国画一脉相承的“立体画”，山水盆景亦能以此分为三类，谓之高远、深远、平远。

高远

人的仰视角度，作品有一种自下而上仰视高山的视觉效果。

深远

人的俯瞰角度，就像是人站到了高处，通过俯视群山，越过了中间的矮峰，看到了远处连绵的群山。

平远

人的平视角度，就像是人站在湖边平视山水风景。

山有三远，
自山下而仰山巅谓之高远，
自山前而窥山后谓之深远，
自近山而望远山谓之平远。
——郭熙《林泉高致》

北宋　郭熙　《早春图》绢本　台北故宫博物院

山水盆景常用的表达手法，主要有以下几种：

①悬崖式：

在一方山水盆中展现出雄奇惊险的悬崖峭壁这一令人神往的自然景观。

②象形式：

选用的石料在外形上近似于人、动物等，在一方山水盆中展现出如自然界中的夫妻峰、象鼻山等奇景。

③独峰式：

选用一块造型优美奇特的石料作为主峰，在它周围放置一些点石、摆件的形式。

④峡谷式：

通过主配峰之间的摆放配合，突出表现两峰之间的“峡”。

⑤群峰式：

选用多组高低不同的峰群，来展现自然中如桂林山水、黄山群峰、石山石林的奇景。

⑥倾斜式：

选用一些有直线条纹的石料，将其倾斜一定的角度，使得整体重心向一个方向偏移，呈现出一种流动向前的趋势。

⑦横云式：

一些石料本身带有层叠的性状，如千层石、云雾石等，将它们的纹理横向摆放，呈现一种远观云起云落、近看山峦叠翠的观感。

2. 山水盆景制作所用石种

自然界中，山脉地带的石料不仅种类丰富且易于开采，而平原、沙漠、湖泊等地虽不易开采，但蕴藏的石料却各有神韵。一般而言，只要是大小适中、有形有神的石料，都可以用来制作山水盆景。

根据石料的质地及制作盆景过程中加工技法的不同，我们一般将石料分为两类：软石、硬石。

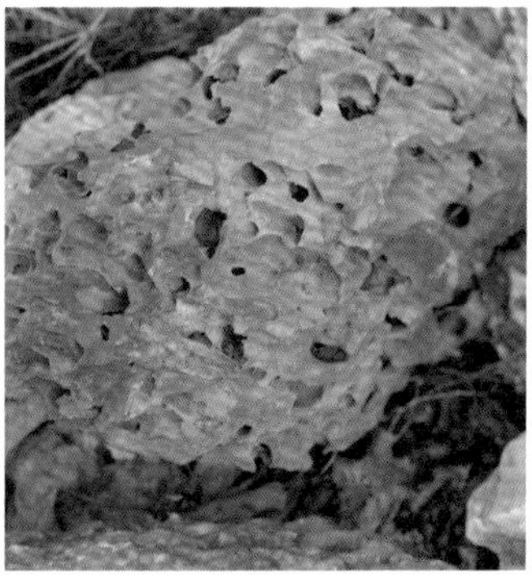

（1）软石

软石是指那些能依照作者的构思构图，通过加工工具能较为容易地进行雕琢造型，从而表达出作者对山石姿态神韵的追求及自身创作意图的石料。

软石吸水、持水性能好，有利于植物的保养，较易于滋生绿苔，以呈现绿意盎然、生机勃勃的良好视觉观感。常用的软石主要有海母石、砂积石、浮石、鸡骨石等。

（2）硬石

硬石是指那些经过自然界漫长风化作用的山体岩石，逐渐形成大小适宜、形神兼备的石料，是盆景师们进行自由艺术创作的重要素材。

硬石有着浑然天成的纹理、色彩、形态和神韵，石种多样，能长久地保存。硬石种类丰富，常用的有太湖石、斧劈石、英石、龟纹石、墨石、石笋石、砂片石等。

三、树石盆景

树石盆景是一种以植物、山石、土为素材，分别采用树木盆景、山水盆景的制作手法，按立意构思组合成景，在盆中再现自然树木、山水盆景的一种艺术形式。树石盆景分为旱石盆景和水旱盆景两类。

1. 旱石盆景

旱石盆景盆中有石、有土、有坡，盆面中没有水面，全部为旱地，这是旱石盆景与水旱盆景之间唯一的不同之处。全旱类树石盆景造型布局的重点及技法主要在于树木和山石在盆面土中的造型与布局，借助树木、山石和土坡的变化、组合及造型来表现旱地自然树木和山石的自然美和艺术美。

图 / 史佩元

2. 水旱盆景

水旱盆景盆中有石、有水、有土、有坡，树木植于山石或土岸上，山石将水与土分隔开来。在浅口水石盆中，水旱盆景将自然界中的景色集于盆中，题材既有小桥流水，也有田园风光、山村野趣，展示出极为浓郁的自然风貌。

（1）水畔式

水畔式主要用来表现水边的树木景色。盆中一边为水面，一边是旱地，用山石分隔水面与盆土。

（2）溪涧式

溪涧式主要通过山石曲折多变、极具动态的组合，模仿山林间的涓涓细流，体现山川田野之景色。

（3）江湖式

江湖式主要表现自然界江河、湖泊等景色，盆面一般比较平缓。

（4）岛屿式

岛屿式主要用于表现自然界中被江、河、湖、海环绕的岛屿景色。

（5）田园式

田园式主要用于表现乡村的自然风光，富有原野气息。

四、微型盆景

微型盆景是盆景艺术中的重要表现形式，又称袖珍盆景或掌上盆景。微型盆景树高 25 厘米以下，多以 3—7 盆进行组合，置于博古架中，可用小草、奇石或其他小摆件作点缀。

1. 树木微型盆景

树木高度在 25 厘米以下，经过修剪、蟠扎、造型等艺术加工而成的盆景。树木微型盆景着重于形态小巧，造型玲珑别致，更注重整体艺术内涵。

2. 山水微型盆景

水石盆的长度在15厘米以内，以各种石材为基本材料，通过艺术创作再现大自然中的江河山川。

（1）博古架

博古架是山水微型盆景的重要组成部分，内分有多层不同样式的小格子，其外形有长方形、正方形、圆形、房屋形、亭子形、葫芦形、船形、扇形、月牙形、花朵形、古币形、几何组合形、异形等多种形状，颜色以暗红、黑、原木等质朴自然的色泽为主，这样可避免喧宾夺主，更好地突出盆景的自然美。其材质以木质为主，有鸡翅木、黄杨木、楠木、酸枝木、枣木、榆木及其他木材。

使用博古架时应注意：

盆景大小与博古架大小应搭配。如果盆景过大，会显得局促拥挤；而盆景过小，则没有气势。此外，还应注意单个盆景的造型、朝向与博古架整体风格的和谐，在统一的风格中有一定的变化。

图 / 史佩元

（2）小品道具组合

①微型盆景小品组合造景时，应注意以下几点：

◎盆景的品种和造型应尽量避免雷同。

◎盆器的色泽，款式既要与盆景造型吻合，又要在盆的色彩上做考虑，同一组景中，特别是盆的款式，必须无一相同。

◎根据微型盆景的造型和盆的款式，还要配置与之相适合的各种微型几架，不仅样式要有所不同，而且材质、色彩上也应有所区别。

◎适当点缀、配放各具韵味的微型配件，数量大小要适度，切忌喧宾夺主、冲淡主题。

②几座与景盆共同构成盆景作品。选配几座时要注意：

◎几座的形状、大小要与景盆匹配。一般几面形状与盆底形状相同，如方盆配方几、圆盆配圆几等，大小亦然；放置时盆脚跟几面内缘相吻合，若几面无边框，则盆底应略小于几面。

◎几座的高矮要与景树造型相宜，一般高脚几适宜于悬崖式、临水式等造型，矮脚书卷座适宜于丛林式、附石式等造型。

◎几座的色彩要与盆景主题内容相呼应。

③摆放摆件时，需要注意 3 点：

◎摆件的品种要符合盆景的主题要求。

◎摆件的大小要符合盆景的比例要求。

◎摆件布设的位置要符合总体构图要求。

第三章

盆景的制作技法

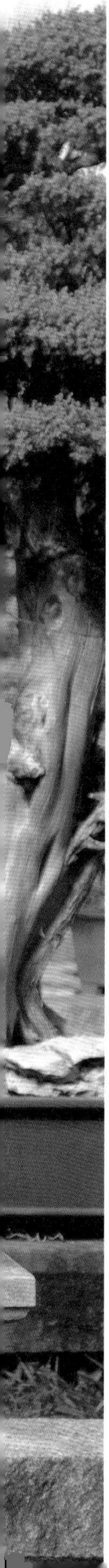

虎丘 万景山庄

盆景的制作技法

盆景的创作是作者将自然树木、石材，运用蟠扎、修剪、雕刻、整形等方法，结合自身的审美观，创作出体现自己风格的盆景的过程。盆景造型的基本原则主要有以小见大、疏密得当、虚实相生、枯荣与共、形神兼备等。

虎丘 万景山庄

一、盆景创作的基础素养

图 / 史佩元

盆景创作要多看、多学、多做。多看盆景专业书籍、参观专类盆景园、欣赏优秀盆景作品。向盆景专业人士多请教、多学习。最重要的是多动手制作盆景，通过不断的实践、总结、改进提高盆景制作能力。

二、树木盆景（含微型盆景）的制作技法

完整的盆景造型具有“顶”“托”“台”三要素：“顶”是指盆景的最高枝片，一般蟠扎成丰满的半球型；“托”是指盆景后侧的枝片，衬托出盆景景深效果；“台”是指盆景左右两侧的枝片，根据盆景的不同造型可大可小。

除少数直立式盆景的主干外，枝条的蟠扎宁曲勿直。

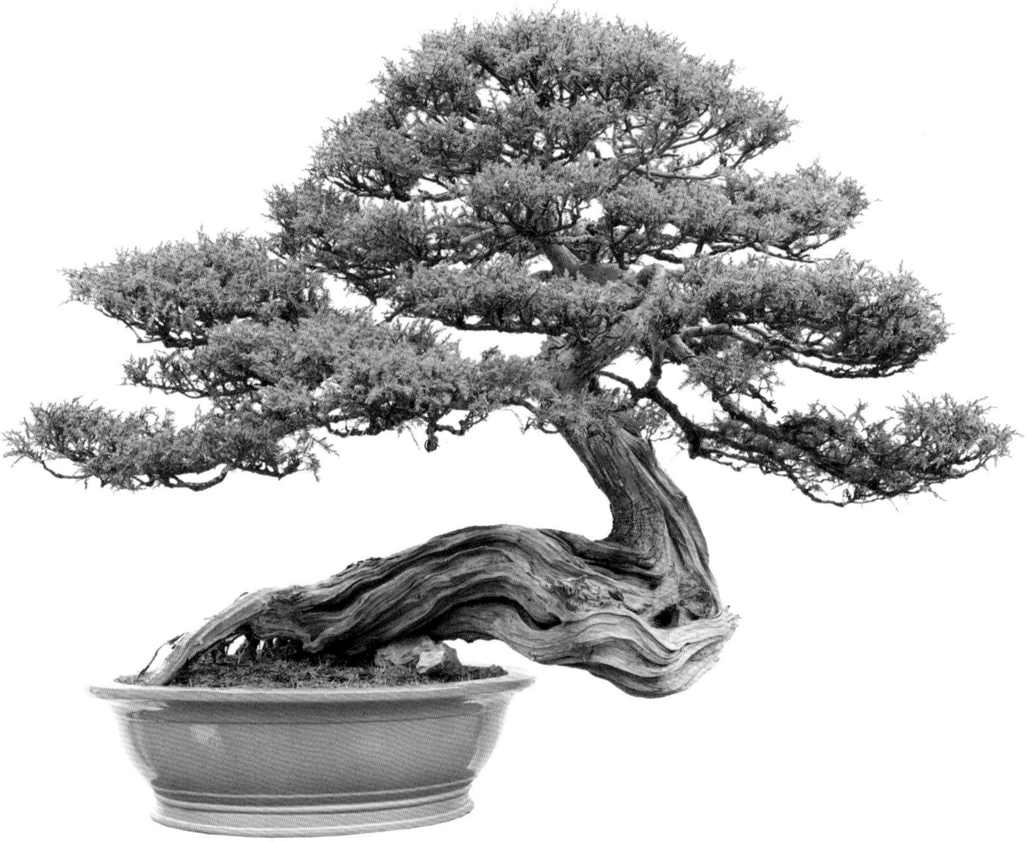

1. 准备工作

（1）盆景毛坯素材；

（2）盆器；

（3）加工工具（折叠锯、凿枝器、修枝剪、斜口钳、叶芽剪、破杆剪、球形剪、舍利刀、铝丝钳）；

（4）其他（麻布带、铝丝、愈合剂、黑胶布）。

毛坯素材

盆器

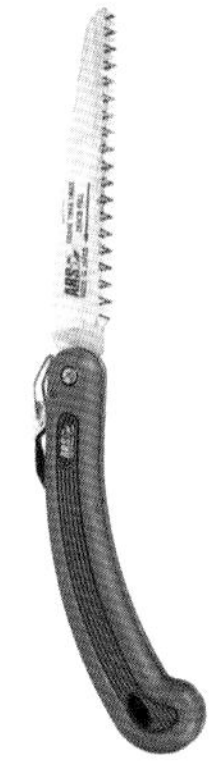
折叠锯

整枝器

修枝剪

修枝剪

斜口钳

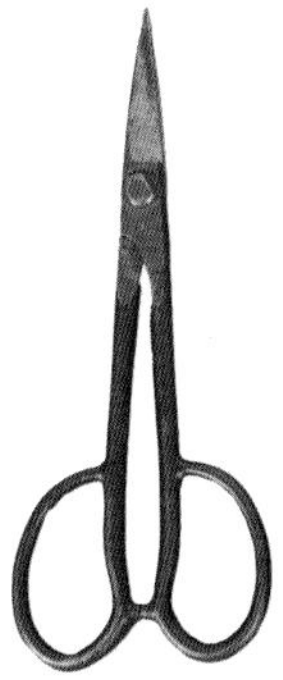
叶芽剪

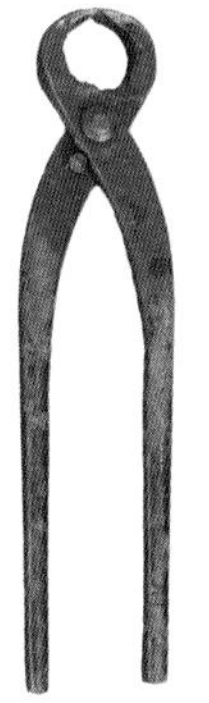
破杆剪

球形剪

麻布带

铝丝

愈合剂

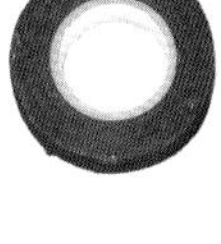
黑胶布

2. 蟠扎技巧

（1）铝丝蟠扎缠绕角度为 45 度；

（2）选择合适粗度的铝丝绑扎枝条，一般铝丝粗度为枝条的 1/3—2/3，不宜过粗或过细；

（3）枝条向左弯曲就逆时针缠绕，向右弯曲就顺时针缠绕；

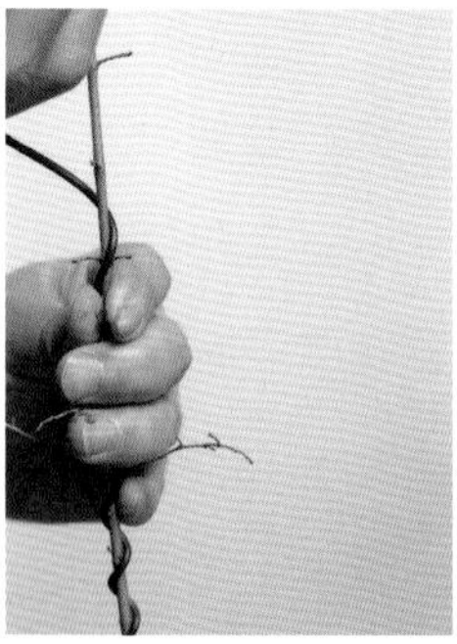

（4）主枝弯曲造型，铝丝一端先可以斜插入土中，再进行绑扎；

（5）弯曲时一只手固定住枝条近根部的位置，另一只手用稍带旋转的力进行弯曲，方向与铝丝缠绕方向一致，用力要柔而有劲，注意不要折断枝条。

（6）两弯半技法：先半弯后大弯再小弯，半弯可确定上下左右，调整枝条走向，第一弯曲度比第二弯大，形成过渡自然的造型。

（7）舍利干制作：通常用于松柏类盆景，表现植物的枯荣并茂，以诠释大自然的鬼斧神工。将枝干上的树皮部分剥除，用舍利刀修整成过渡自然的造型。制作时需注意植物水路走向，切勿切断供应植物水分、营养的水路。

（8）粗干弯曲技法：

常见的粗干弯曲法有破杆弯曲法和切“V”口弯曲法。

破杆弯曲法就是用工具在树木欲弯曲的部位竖向穿通枝干，根据树干粗度和弯曲距离，竖切合适长度，用麻布及胶带缠绕切口处，然后绑扎铝丝进行弯曲。

切“V”口弯曲法就是在弯曲的部位用工具开数个“V”口，用麻布及胶带缠绕，再绑扎铝丝进行弯曲。

破杆弯曲法

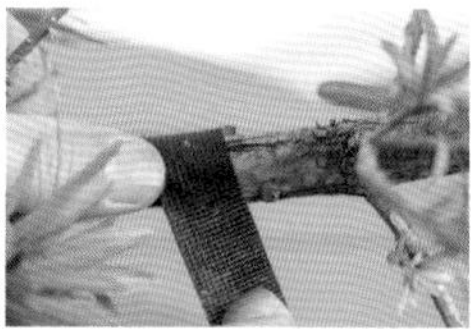

破杆弯曲法缠胶带

破杆弯曲法缠铝丝

切“V”口弯曲法

“V”口完成图

切“V”口后铝丝绑扎弯曲

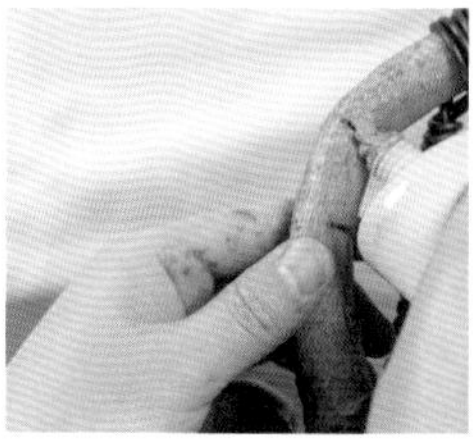

绑扎弯曲后涂抹愈合剂

（9）牵引手法：

先在需牵引的枝干对立面找一较粗的枝干固定点，再用胶布在枝条的两个固定端进行包扎，以防牵引时造成损伤。用铝丝进行绑扎固定，最后根据合适长度牵引绑扎至另一端枝干固定点上。

牵引端缠绕胶布

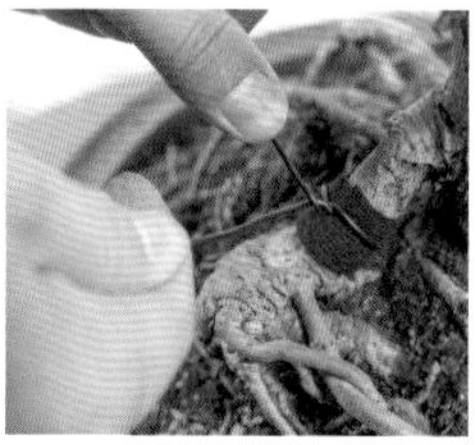

固定端缠绕铝丝

定位绑扎牵引

牵引完成

3. 造型后养护

（1）拆解铝丝：

一般在绑扎后半年至一年左右，待枝条造型固定，用铝丝钳将绑扎的铝丝进行拆除，以防铝丝嵌入枝干，造成水分及营养无法正常输送。

拆铝丝中

拆铝丝后

（2）养护环境：

绑扎后一周，移至阴凉通风处养护，避免气温高时的阳光直射，造成受损枝条枯萎。

4. 各类造型绑扎方法

（1）六台三托一顶造型

树种一般采用五针松、小叶黄杨、榔榆等小叶品种，盆景整体由“六台”“三托”“一顶”组成。位于主干两侧的枝片称为“台”，位于主干后侧的枝片称为“托”，位于主干顶部的枝片称为“顶”。“六台”“三托”“一顶”相加得十，寓意为“十全十美”。

①先将主干用铝丝绑扎弯曲成六个弯；

②在每个弯折外侧处，左、右、后侧留一分枝，要求高低错落，不在一个水平面；

③将九个分枝用铝丝绑扎成云朵状枝片，即中间高，向四周低处延伸；

④最后将顶部枝条用铝丝绑扎成丰满的半球状，最终构成“六台”“三托”“一顶”。

实景图

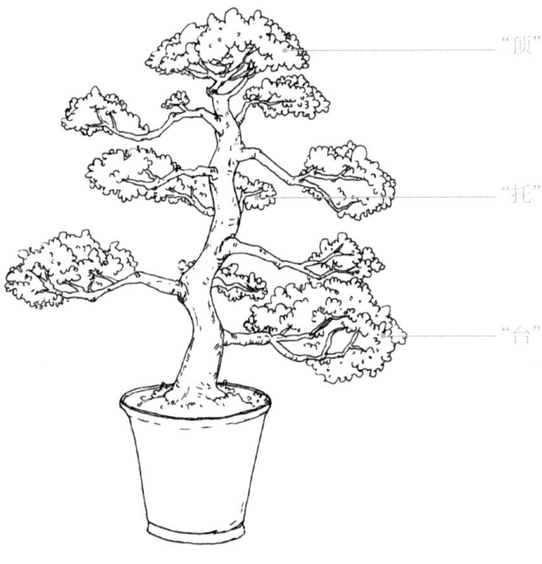

（2）悬崖式造型

①选取毛坯盆景素材，用较粗的铝丝对主干进行绑扎，从基部开始大幅度向下弯曲，主干弯曲长度延伸至超过盆底；

②选取左、右、后侧的枝条，靠近盆侧的枝条要短，靠外侧的枝条要长，逐一绑扎出枝片；

③最底部的枝片要绑扎出向外侧延伸的感觉。

（3）临水式造型

①选取毛坯盆景素材，用较粗的铝丝对主干进行绑扎，从基部开始向一侧弯曲，主干部分弯曲至盆沿下、盆底上的位置时，开始向上弯曲。主干造型弯曲后，将盆底水平线比作水面，设计成临水而不入水之感；

②选取左、右、后侧的枝条，弯曲方向的枝片留取最长，相反方向的枝片留取最短，逐一绑扎出枝片；

③最后将顶部枝条绑扎出大小适宜的造型。

（4）附石式造型

①选取附石毛坯盆景素材，用较粗的铝丝对主干进行绑扎，一般情况下，造型与斜干式类似；
②选取左、右、后侧的枝条，倾斜方向的枝片留取最长，相反方向的枝片留取最短，逐一绑扎出枝片；
③最后将顶部枝条进行绑扎造型，体型大小根据枝片多少来决定，要有一定动势。

三、山水盆景（含树石盆景）的制作技法

1. 山水盆景的制作

山水盆景分为软石盆景和硬石盆景，软石在加工时需要手工雕刻些许纹理、敲凿山体形态进行创作，硬石则只需根据其表面纹理、自然姿态等锯截切割即可。

斧劈石盆景制作是山水盆景创作的基本功。斧劈石虽归属于硬石，但其原石呈不规则片状，表面纹理也不突出，必须人为加工出外形姿态，才能成为制作山水盆景的材料。因此，斧劈石盆景制作，既有软石盆景开料雕琢工序，又接续硬石系列工序，软硬兼得。

现以斧劈石盆景制作案例介绍山水盆景制作技法。制作斧劈石盆景有以下步骤：

（1）准备工作

①斧劈石原料；
②水石盆；
③操作台；
④加工工具（锤子、凿子、切割机、打磨机等）；
⑤清理工具（板刷、毛刷、毛巾等）；
⑥胶结工具（金属丝、水泥、胶水等）；
⑦其他（绿植、摆件、几架等）。

斧劈石原料

水石盆

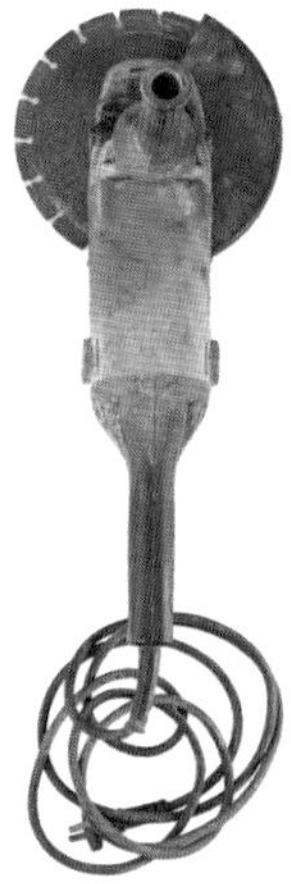
切割机

毛刷

板刷

钢丝刷

打磨机

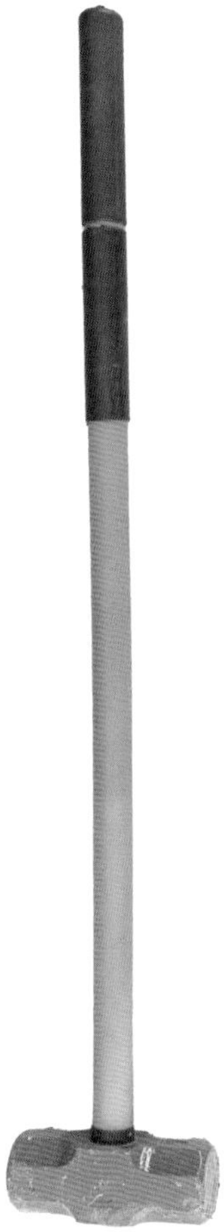
大锤子

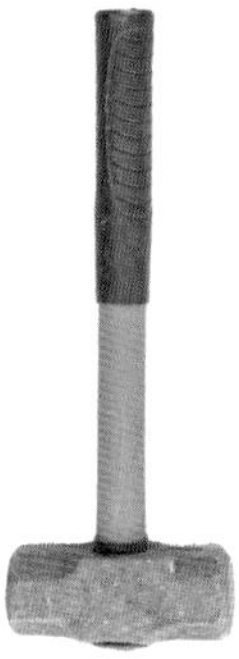
小锤子

尖头凿子

平头凿子

（2）选石

无论是软石还是硬石，都应先选主峰石。从石料中的较大者入手，仔细相面，通过趋势、形象、体态、纹路等确定观赏面、峰头、底座及倾向角度等。

选好主峰石后，根据主峰石选择纹理一致、形态相近、大小适中的石料作配峰、远山。条件允许的话，在选石的过程中可在沙盘上进行搭配、选择。由于斧劈石本身的特性，在选取主峰、次峰、配峰等石料时，并不需要顾及其自然形态。

（3）构思、构图

构思时，根据所选石料的具体情况，决定盆景的形式（高远、深远、平远）、想要表达的思想和意境等。

构图时，一定要注意赋予作品以动势。同时要遵循不等边三角形构图原则，忌金字塔形或等腰三角形构图。

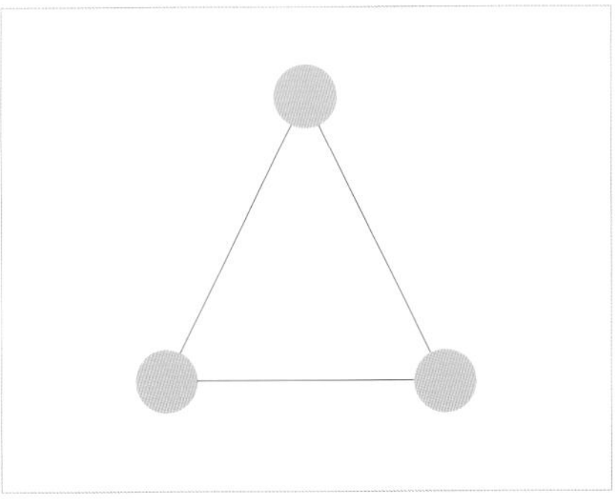

忌用等腰三角形构图

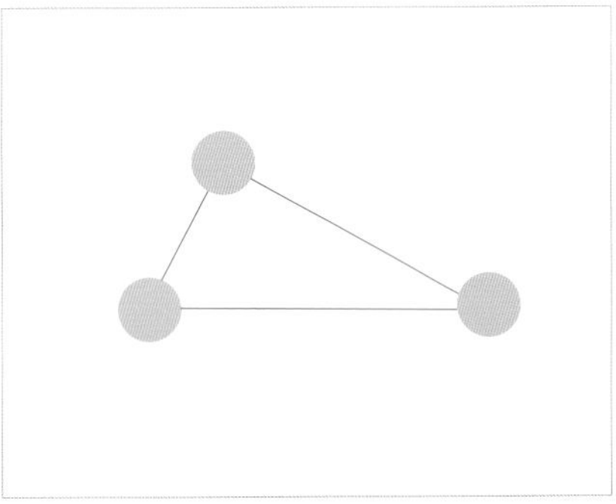

推荐使用不等边三角形构图

（4）石料加工

石料加工具体分为以下步骤：

① 开料

将大块的斧劈石原料用工具分裂分解成大小、厚薄适中的多块斧劈石块。

具体做法：

用平头凿子、大锤子将大块的天然石料层层劈裂。

这个过程中要注意：

◎应沿着石料岩层的走向劈开，遇到石筋部分下锤要轻，并耐心地用锤子和凿子缓慢分解。

◎质地坚硬的石料可适当劈薄些，以便斧劈石的后续雕琢加工。

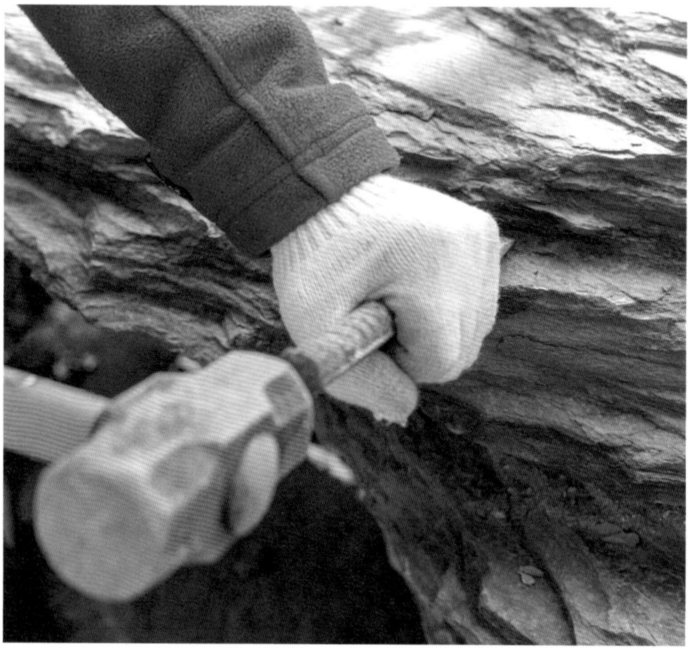

开料

② 雕琢

斧劈石原料大部分具有独特的纹理，只要略加敲打雕凿即可成形。

具体做法：

◎注意先后顺序，先加工主峰部分石料。对于配峰、远山等所用的石料，待主峰组确定后，再行挑选、加工。

◎石块加工时先从峰头部位开始，从观赏面的背面向前用锤子敲击，下手要有分寸。峰尖部位在加工时需特别注意，要用小锤子和平头凿子细心地敲击雕凿。

◎峰头部位加工好后，加工峰腰部分，加工方法同峰头部位。加工时注意峰腰的宽度及轮廓，不宜过宽。

◎除了确定好用途的、大小适中的“专峰专用”石料，其余的石料在加工时，应当在两端都敲凿出峰尖，以便于后期的切割、利用。

◎加工时要注意观赏面的石料纹理要清晰可见，对于背面的纹理则不做要求，不需要在加工过程中耗费时间和精力去处理。

石料敲边修形

主峰修整

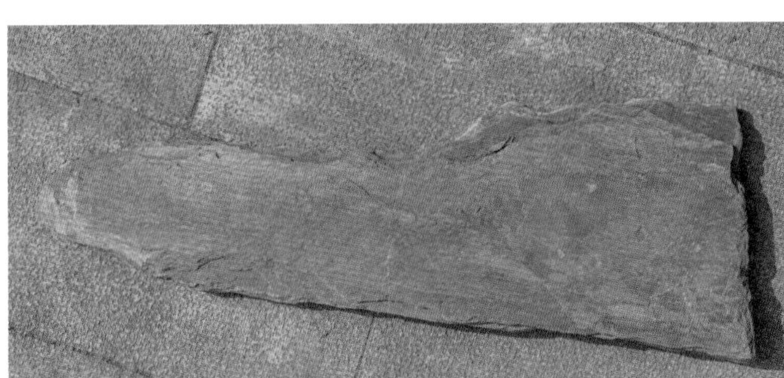

主峰开料整形完成

③ 锯截

俗话说：硬石“一刀看成败”。锯截切割的好坏往往是决定作品成败的关键之一。因此，在锯截切割之前，一定要划好切割线。

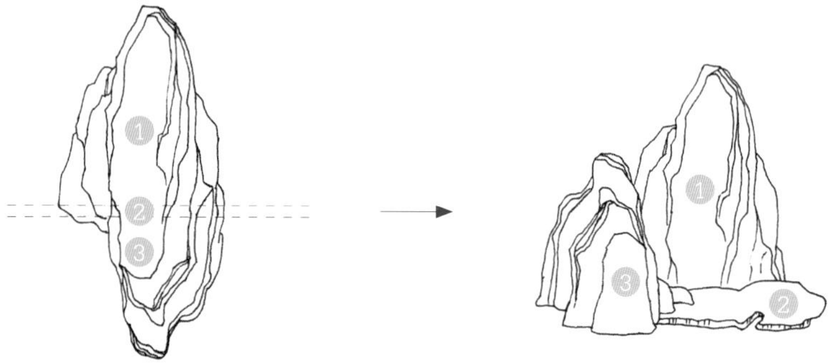

具体做法：

◎将划好线的石料固定好，通过便携式切割机沿着划线缓慢推进切割，较小的石料也可通过固定式切割机进行切割。

◎石料在锯截时注意一定要一步切割到位，保证切口的平整光滑。

测量主峰高度

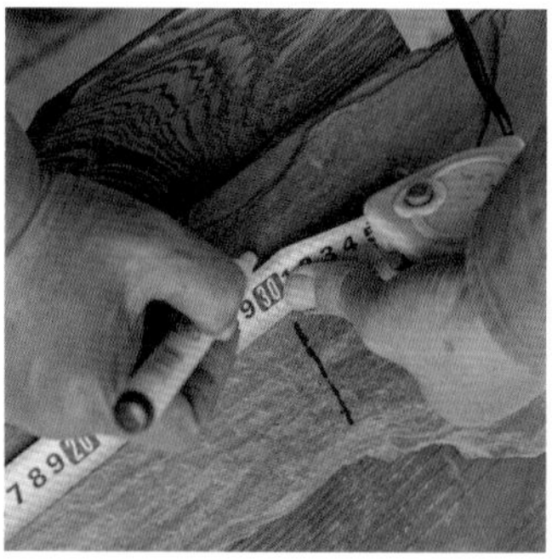

主峰定高

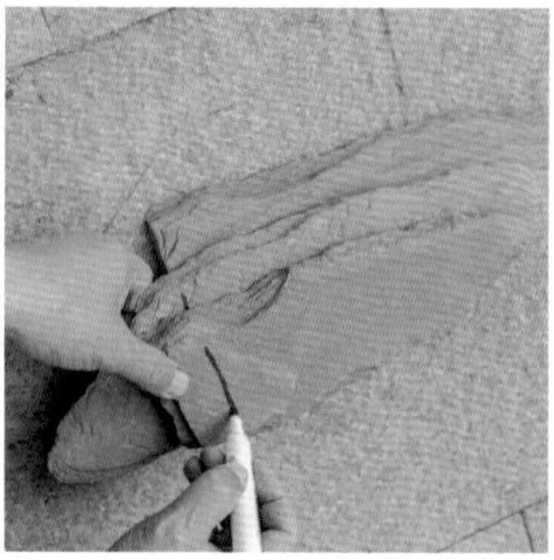

配峰定高

切割主峰

④ 打磨

石料在加工好后，其表面的纹理基本成型，但线条太过刚毅，裂口太过尖锐，形状不够自然，这就是俗称的石料“火气太重”，需进行打磨。

具体做法：

◎用打磨机沿着加工好的纹理，细细研磨加工面，使得线条变得圆润，除掉石料的“火气”，使其趋于自然。

◎打磨机打磨后，再用钢丝刷沿着纹理反复刷，使纹路更加清晰有条理。

峰头加工

打磨机打磨

钢丝刷打磨

主峰打磨完成

（5）选盆

苏州古典园林里有着秀美典雅的“窗景”，展现了一幅幅如诗般的立体画卷。而盆景艺术本身作为“立体的画”，盆器就是框住这画卷的“窗”、承载浓墨重彩的“纸”。一般来说主峰高度是盆长的 2/3，盆宽与盆长比例以 1 ：3 为佳，再通过构图形式、表达意境等因素来确定所使用的盆器。

（6）布局

石料在布局摆放时，应先从主峰着手，然后是配峰、远山、坡脚。

准备空盆

具体做法：

①确定主峰部分的位置。在布局时牢记“黄金分割”原则：山水盆有横、竖两条中轴线，分别是前后关系和左右关系。主峰的摆放位置在盆中居左（或右）1/3 左右，居靠后 1/3 左右处，即盆内十字对称线的左后侧或右后侧。

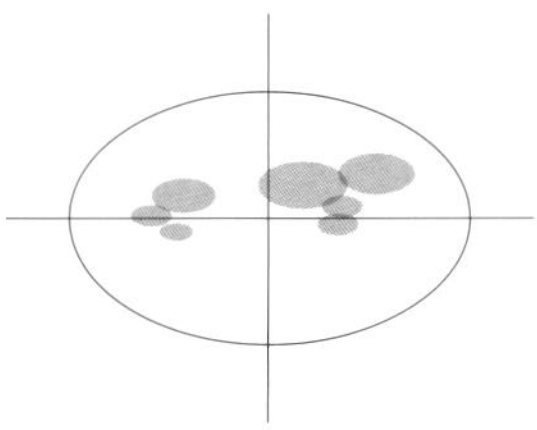
示意图

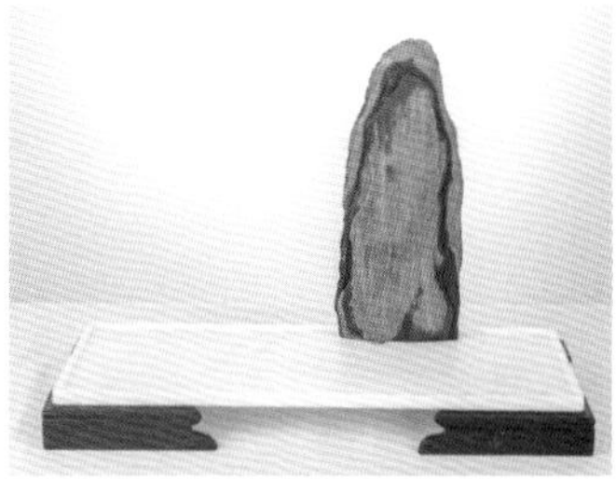
主峰盆中定位

主峰组盆中定位

预留种植穴

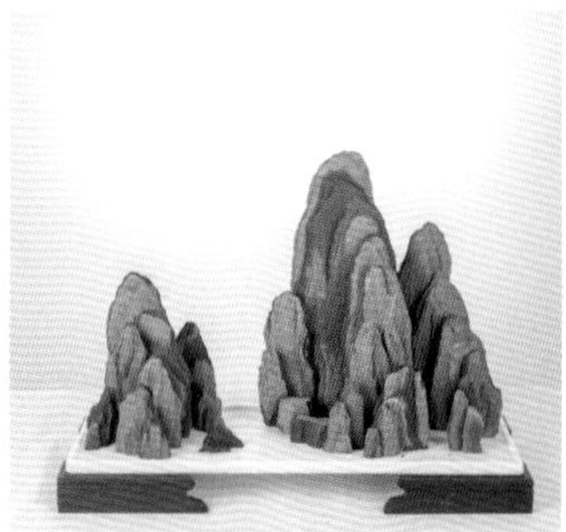
配峰组盆中定位

②主峰到位后，再进行主、次峰跟进，摆放时峰线要回环曲折，摆放要错落有致，注意前后石块要贴紧。

③在布局摆放时，要注意根据先前的构思，预留种植穴。

整体布局完成

（7）胶结

斧劈石的胶结材料一般选用普通水泥，为了追求美观，可以在水泥内加入墨汁，让水泥的色泽与石色相协调。

具体做法：

①在山水盆内铺上塑料膜，可以减少对盆面的污染，减少清洁工作量。在石料底部抹上水泥后根据先前定好的位置，按照主次顺序依次放到塑料膜上。前后两块石料贴合时，贴合部分也要涂抹水泥进行粘连。

胶结准备

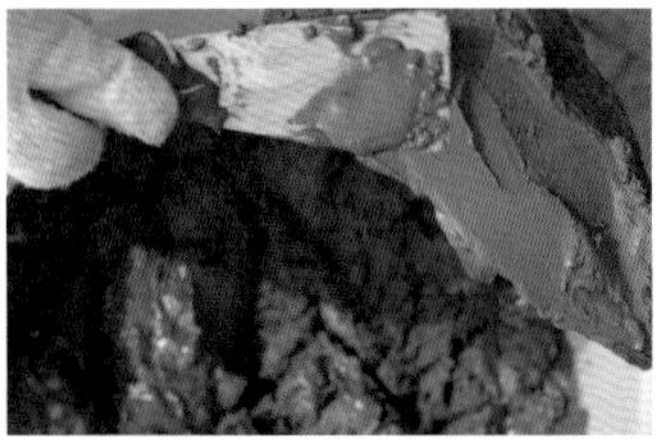
背面涂抹水泥

主峰胶结

水泥填缝

②在依次胶结完成后，对于侧面的、不贴合的间隙，需要用水泥嵌入，涂抹平滑。

种植穴打底

③种植穴位置四周要用石块围起，用水泥粘牢。

④主峰组胶结完成后，再用同样的操作方法去胶结配峰组和远山组。

整体胶结完成

毛刷刷洗出水泥石纹

⑤在水泥全部粘上后，用刮板沿着轮廓线刮动，除去多余的水泥，再用毛刷沾水刷洗石料，使石料表面干净整洁，外观轮廓连绵不断，成为一个有序整体，达到浑然天成的观感。

水泥石纹处理完成

⑥待水泥干后，去掉底层塑料膜，就完成了胶结的全部工作，接着只需将胶结好的几组石料放入盆中即可。

（8）植物栽种

山石造型完成后，紧接着便是植物的栽种工作。

土球整形

具体做法：

①根据构图、石料的造型风格，选取符合主题内容的植物，包括叶色、叶形、叶片大小（一般选取小叶树种）、树干造型等。

②将选好的植物连带土球种入各自的种植穴后，填充种植土，用竹签将种植土和土球扦实。

③泥土表面用青苔遮掩，保证水土不会流失，完成后浇透水。

遮盖青苔

用竹签扦实

种植完成后浇水

（9）清理盆面

以上所有工序完成后，用毛刷、板刷、毛巾等工具，将山体、盆面清理干净。

（10）摆放摆件

盆景的摆件大多是一些小巧玲珑、做工精美、生动形象的工艺品，将它们合理地放置在作品当中，起到画龙点睛的作用，赋予作品人文、升华主题等效果，使得整件作品更具诗情画意。

（11）题名

好的题名不仅能够直观地将作者想要表达的景象、思想、神韵等内容呈现给观赏者，还能够升华作品的主题，提高作品整体的观赏性和艺术性。

《轻舟已过万重山》

2. 树石盆景的制作

树石盆景指的是以植物为主、以点石为辅的一类盆景，它是山水盆景与树木盆景的结合，大多展示自然、人文风光，似一幅立体的风景画。

树石盆景的制作步骤：

（1）准备工作

①石料、植物等材料；

②水石盆；

③操作台；

④各式工具（切割机、三齿耙、板刷、铁耙、十字镐、剪刀、竹签、毛刷、毛巾、金属丝、水泥、胶结剂、喷壶等）；

⑤其他（摆件、几架等）。

石料

摆件

胶结剂

喷壶

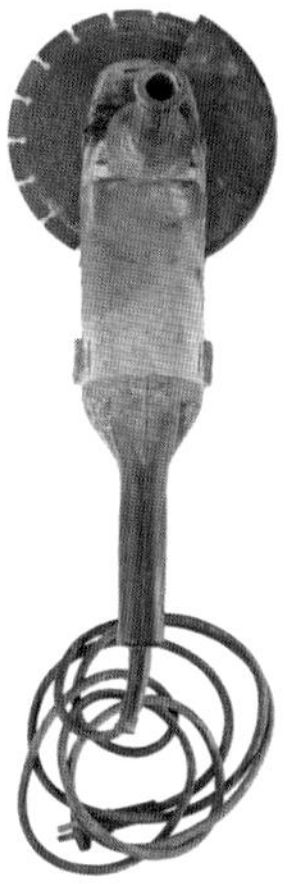

切割机

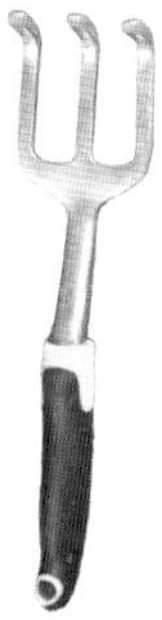

三齿耙

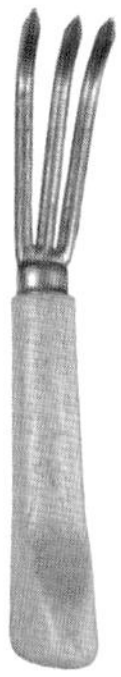

小三齿耙

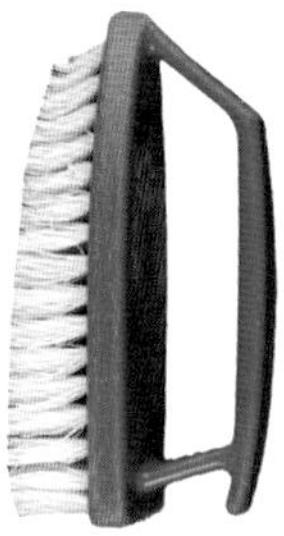

板刷

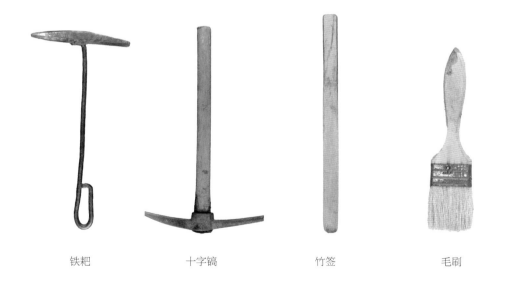

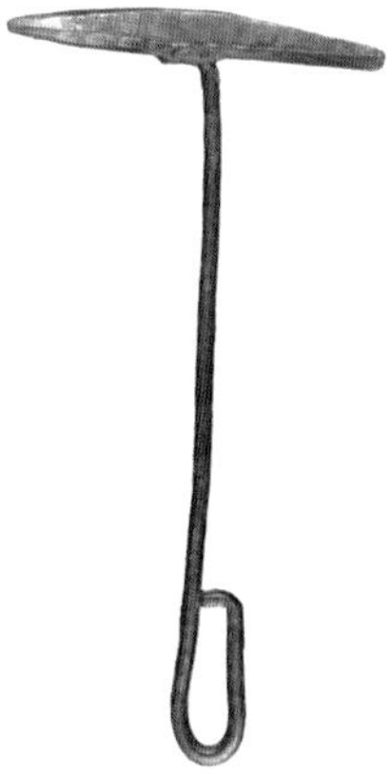

铁耙

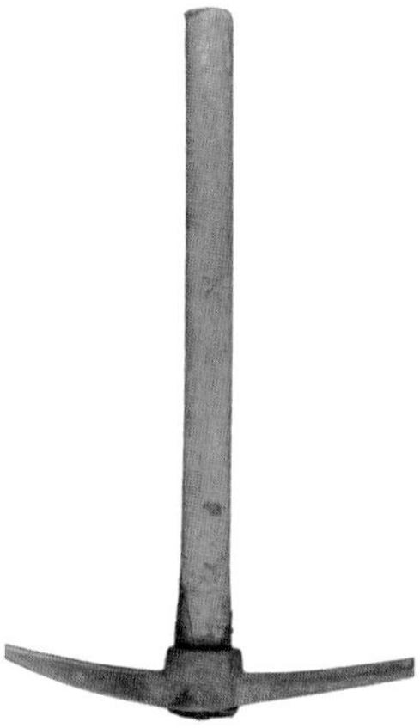

十字镐

竹签

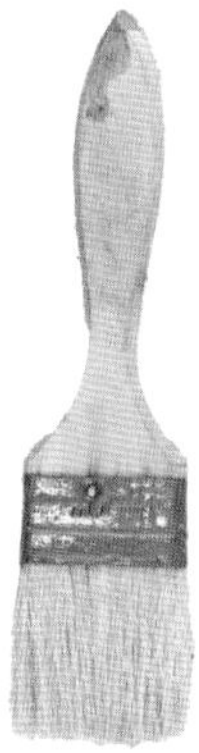

毛刷

（2）构思、构图

通过构思确定盆内的布局和表达的意境，明确创作方向。

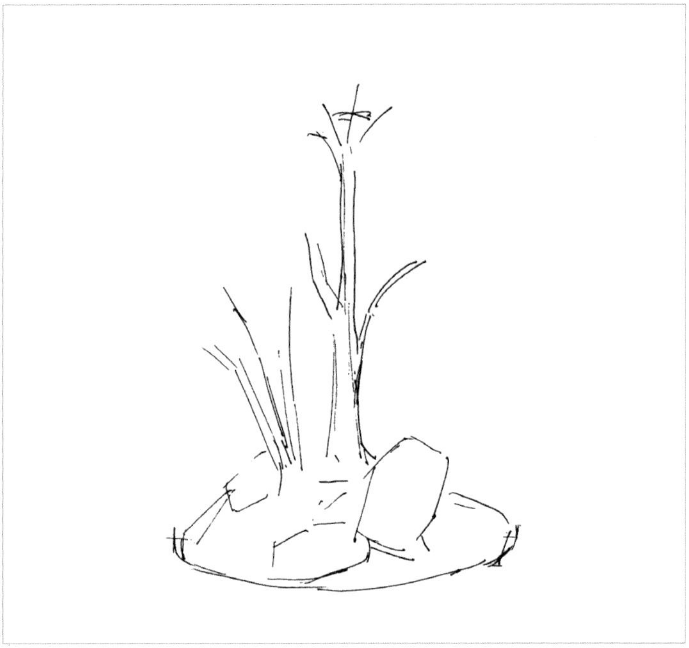

草图绘制

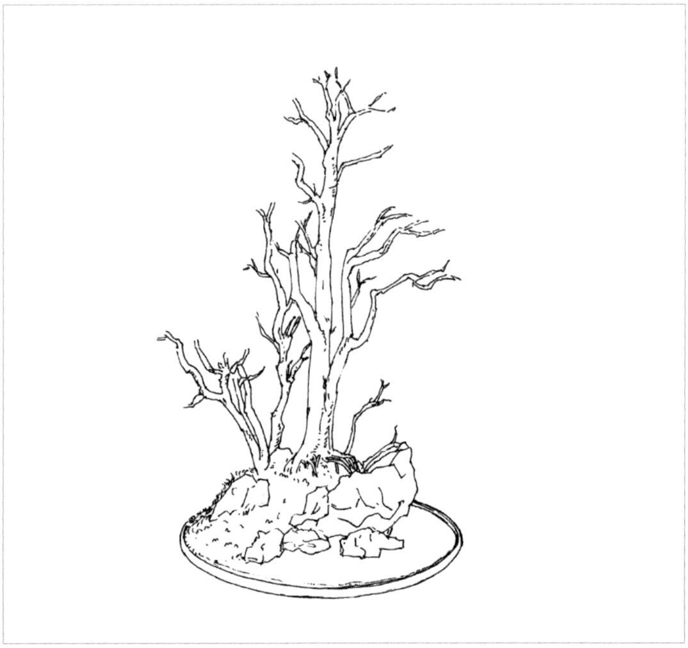

构图完成

（3）选材

构图完成后，进行树木、石料、水石盆的选择。

①适合用于制作树石盆景的树种，一般满足以下特点：叶片小、节距短、易造型、观赏性高，例如大阪松、真柏、六月雪等。

②适合用于制作树石盆景的石料，以硬石为主，常用英石、龟纹石、太湖石等，大小适宜即可。

③水石盆的大小根据树木的大小比例进行合理选用配置。

选树

选树

选石

（4）加工

①树木加工：

基于先前的构图，对树木的外形进行相应的修剪、造型。一般着重加工其根部位置，比如剔除部分旧土，再剪去一些粗壮的根系等。

脱盆

脱盆后状态

扒松根系

修剪根系

根系修剪后状态

修剪树木

②石料加工：

驳岸所需的石料，需要切割出平整的底面进行摆放；点石所需的石料要嵌入种植土中，一般不切割。

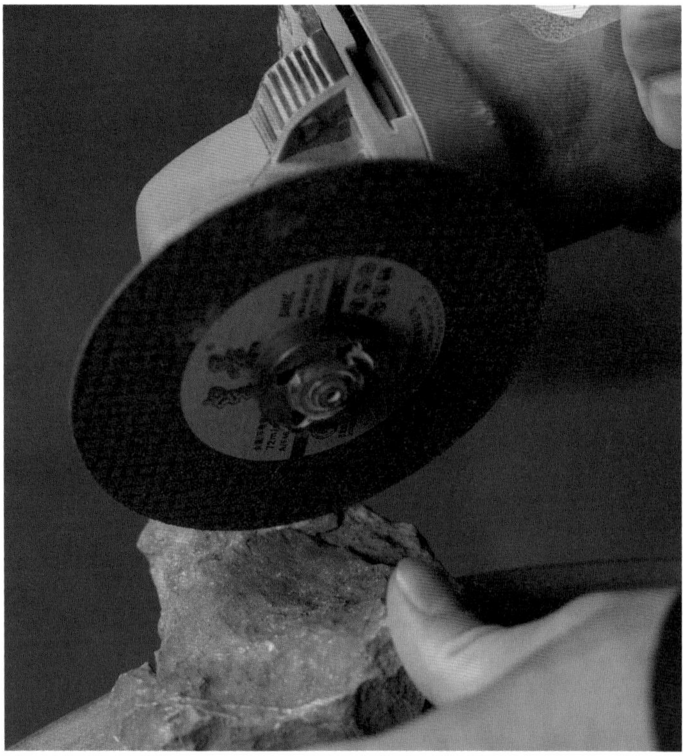

石料加工

底面切平加工

（5）布局

①树木定位：

根据构思、构图，先在盆内确定主景树木的位置，一般以 2—3 棵树木为一组成景。

◎主树的布局定位参考山水盆景中主峰的定位，居于盆内左后侧或右后侧的“黄金分割点”上。主树定好位后，可在主树两端配上 1—2 株配树，共同组成主景部分。

◎姿态上应遵循“不等边三角形”原则，摆放时遵循“近大远小”原则，错落有致，主次分明，疏密相间。

◎主景部分配置完成后，若要表现溪流、峡谷等风貌，可在另一侧摆上一组配景，整体构图上与主景相似。若是展现临水风光，配景部分就由一组石料构成湖中小岛，丰富整体构图画面。

◎主景、配景都到位之后，可在中后方位置增设一处远景，一般选用与主、配景不同的树种。

主树定位

配树定位

②石料布设：

石块与石块间的纹理、形态要自然、契合。

◎高度设置上要注意透视性，遵循“近高远低”的原则；石料体积上应大小相互搭配。

◎设置驳岸轮廓线时，宜设置为一条急缓有致、婉转回环的曲线，这就要求石料驳岸的轮廓线不能有太多的尖角、棱角。

石料布设

（6）胶结

驳岸布设完成后，就可以将石料胶结固定在盆内。

主要步骤如下：

①用铅笔画出驳岸的轮廓，必要时可以标上序号，方便后面定位；

②将树木、石料全部从盆中拿出，将盆面、石料分别清理、洗净、晾干，为作品的干净整洁打好基础；

③将石料一一对应，胶结入盆内的定点位置上；

④出于栽种需要，驳岸石料之间应尽量紧密贴合，以减少后期泥土流失。

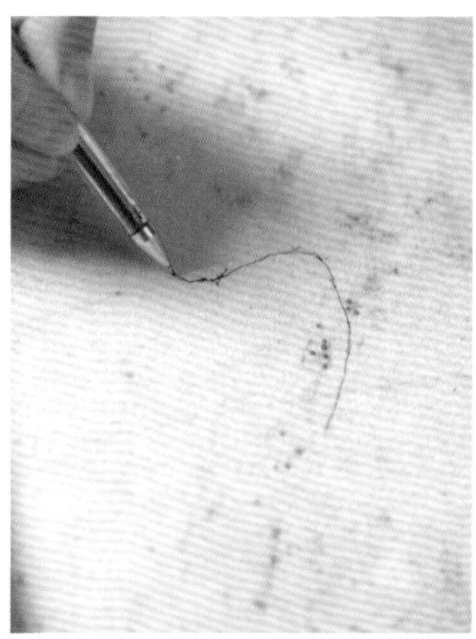

画出驳岸轮廓

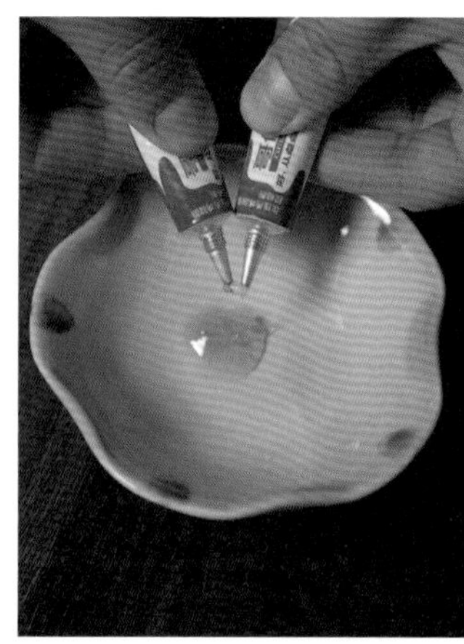

混合胶

上胶

石料摆放

（7）栽种

确认驳岸已经胶结固定到位后，即可将主、配、远景的树木依次栽种入盆内。

主要步骤如下：

①对树木的根部泥球再度进行整理，让树盆之间、主配树之间、树石之间更好地贴合为一个整体；

②根据先前的定位栽种树木，用手或竹签将泥土填充到位。

树木定位

填充泥土

（8）点石

树木栽种完成后，一般用数块石料嵌入泥表进行点缀。

①点石不用切割加工，只需洗净晾干后，将确定好的观赏面裸露在外，将另一面没入泥土之中固定即可。

②为了寻求更多的变化，增加一些野趣，一般会在点石附近栽种一些菖蒲作为进一步的点缀。

③完成后及时将盆内散落的泥土清理到位。

点石

盆面清理前

刷子清理中

盆面清理完成

盆面清理结束后

（9）铺青苔

裸露在外的泥土表面一方面色泽灰暗不够鲜明，另一方面易造成后期泥土流失，因此在点石完成后就会铺设青苔。具体步骤如下：

①剔除青苔上的杂草、枯根等；

②用喷壶将泥土表面喷湿；

③将青苔与泥土表面紧密贴合，使整体的观感达到最佳；

④用喷壶将青苔喷湿、喷透。

贴青苔前喷湿泥土

贴青苔

喷水

（10）布置摆件

摆件是增加树石盆景人文观感的重要手段，应根据整体的构思来选择摆件样式，比如《牧歌》主题可放置“放牛娃吹笛”的摆件，《松下问童子》会放置“小孩”“老人”的摆件等。

布置摆件

（11）梳理清洁

树木冗余部分的修剪、老叶旧叶的剔除、摆件位置的微调等。用毛刷、毛巾、喷壶等将盆面、盆边、石缝上的泥水、落叶、污渍等清理干净。

（12）题名

根据作品外观、立意、内涵等因素，为作品配上合适的题名。至此树石盆景整体完成。

《幽林水月》

留园 又一村

第四章

盆景的养护管理

一、树木盆景的养护管理

1. 树木盆景浇水

水分是植物必不可少的元素，及时并正确地浇水尤为重要。这不仅需要常年仔细观察，也需要了解树木的生长规律。

（1）树木盆景正确浇水的五点要求：

①树木品种不同，浇水量不同。

一般叶片大、质地软、叶面失水快的，需水量较多。 一般叶片小、质地硬、角质层厚、蜡质层厚的，需水量较少。

②植物生长周期不同，浇水量也不同。

植物生长期或新芽萌发之际，要适当偏湿，可促使植物根系正常生长。植物休眠期之际，因植物所需水量变少，浇水不宜过多。

③天气、季节不同，浇水量也不同。

江南一带一年四季分明，因此在春秋两季可一到两天浇一次水（具体根据盆土的干湿情况）。夏天由于温度升高，蒸腾量大，必须每天浇一到两次水。冬季蒸腾量相应减少，可几天甚至十几天浇一次水。

④土质不同，浇水量也不同。

如：黏性土团粒结构较细的蓄水量多，浇水不宜过勤。沙土团粒结构较粗的蓄水量少 ，浇水不宜过少。

⑤盆的质地、大小和深浅不同，浇水量也不同。

质地：泥盆最易干，紫砂盆次之，釉盆或石盆更次之。

深浅：大盆、深盆浇水量较大，浇水次数少，每次浇水需等干透后再浇。

大小：小盆浇水量小，浇水次数多。

（2）如何观察盆景是否需要浇水

可采用“一看二听三摸”的办法来确定。

“一看”指的是观察土壤表面是否干裂、发白，叶片是否无力下垂、卷曲；

“二听”指的是敲一敲盆体，是否有清脆的声音，如果盆体声音清脆说明干透了，如果声音沉闷说明无需浇水；

“三摸”指的是用手指摸一摸土壤表面，确切地感受土壤干湿。

（3）浇水方式、时间

浇水量少时，可用洒水壶浇水，并且用不含氯的水浇。

浇水量多时，可在水龙头上接水管浇水，省时省力，但自来水中含氯，易造成土壤板结。

微型盆景浇水时可整盆放入装满水的水盆中，当不再冒泡时说明已经浸透，可以拿出。

浇水时间应根据季节而变化，春秋两季在上午或下午都可以；而夏季应在早晨或者傍晚，等温度降低些再浇；冬季因气温低，宜在中午气温升高时浇水。

2. 树木盆景的修剪

树木盆景的修剪可以控制形态，完善造型，改善内部的透光、通风性，减少病虫害的发生，确保树木健康生长。不同树种的修剪手法和时间不同，杂木类如雀梅、榆树等萌发力强的树种一年可修剪三到四次，而瓜子黄杨、构骨等修剪一两次即可。松类除了做逼芽（逼芽指促进植物芽点分化、产生）或者短针外，生长期间不能修剪。柏类在春季可以用手摘去突出冠幅的嫩梢，如需修剪则在夏季半休眠期进行。

（1）树木盆景修剪手法

①抹芽：

在植物生长萌芽期，用手或镊子去除多余的芽点，避免多余养分的消耗。

②轻截：

剪去枝条 1/4—1/5 长度，用于控制盆景的基本造型。

③重截：

剪去枝条 2/3—3/4 长度，在盆景造型期间，剪去过长的枝条，有利于重新萌发枝叶，完成造型需求。

④疏枝：

将枝条从基部剪去，用于萌蘖枝、枯枝、交叉枝、平行枝等影响枝条造型的去除。

⑤摘心：摘去或剪去植物枝条的顶端部分，使养分能够更好地提供给中下部枝条，促进新枝的萌发。

（2）修剪枝条的类型

①直立枝：

笔直向上生长的枝条，可从基部全部剪去，需绑扎造型的情况除外。

②下生枝：

笔直向下生长的枝条，一般从基部全部剪去。

③徒长枝：

当年生、明显生长势强的枝条和造型不需要的枝条，可从基部全部剪去。

④轮生枝：

在同一个点位生长出很多枝条，可根据造型均匀选取部分枝条保留，其余全部剪去。

⑤平行枝：

在一侧方向生长出两根或数根平行的枝条，可选取其中一根枝条保留，其余全部剪去。

⑥对生枝：

在枝干的同一水平面相对生长出的两根枝条，可选取其中一枝剪去。

⑦交叉枝：

两根相交错的枝条，选取其中一枝剪去。

⑧枯枝：

已枯死的枝条，应及时剪去枯萎部分。

⑨逆向枝：

向内生长的枝条，应从基部全部剪去，需绑扎造型的情况除外。

⑩萌蘖枝：

从基部萌发的枝条，应在萌芽时便将其从基部剪去。

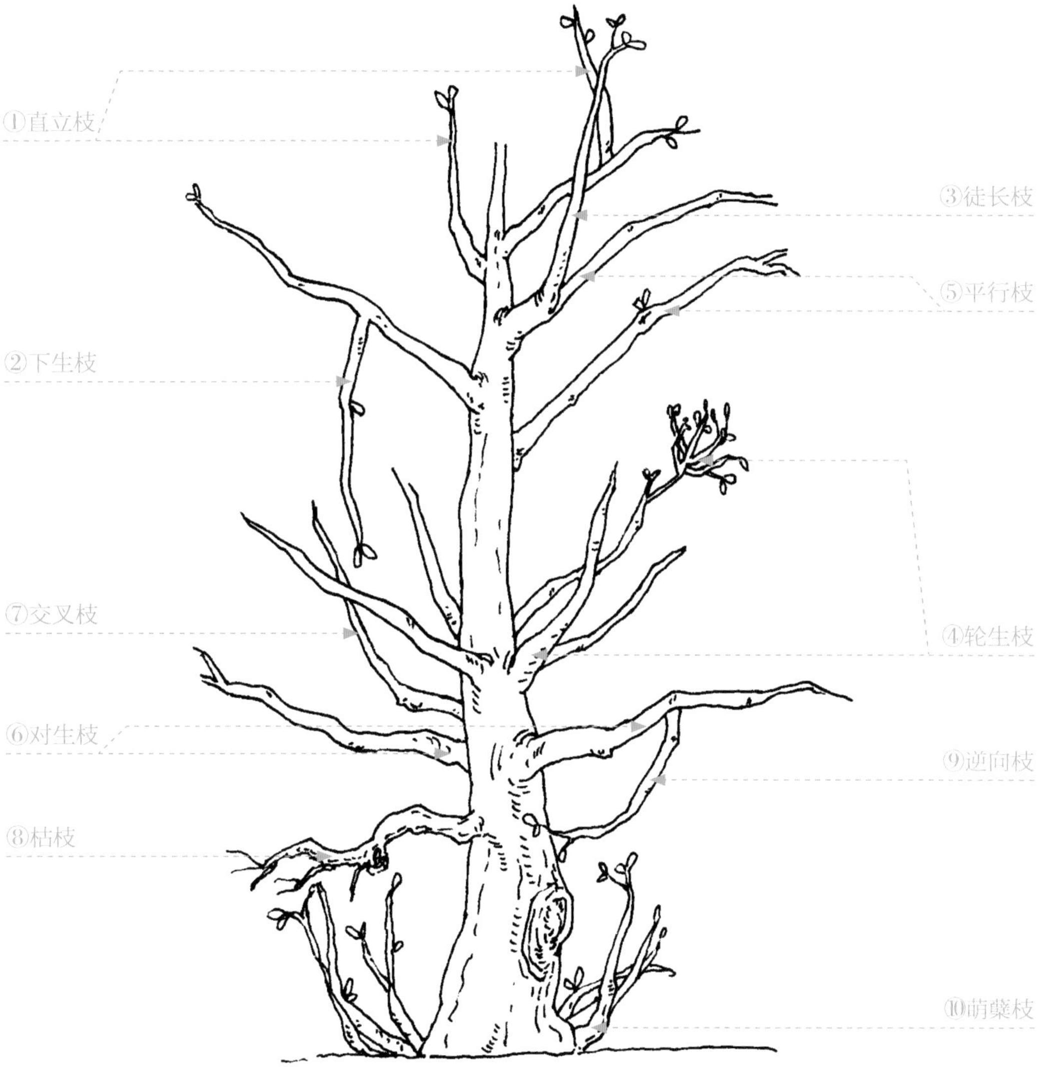
①直立枝
③徒长枝
⑤平行枝
②下生枝
④轮生枝
⑦交叉枝
⑥对生枝
⑨逆向枝
⑧枯枝
⑩萌蘖枝

3. 树木盆景施肥

因树木盆景盆中所蓄养分有限，必须不断补充，但是有时又要抑制其生长，控制比例，所以在施肥的过程中需注意以下几点：

（1）一般植物的肥料种类有：

①有机肥：

指含有单一元素的有机质的肥料，多为动植物残体加工制成。

②无机肥：

指经过化工合成的肥料，又称化肥，在盆景中少使用或不使用，容易造成土壤板结。

③有机复合肥：

指两种及以上的有机肥混合而成的肥料。在盆景中经常使用。

（2）如何判断盆景缺肥

①缺氮：

植株生长缓慢，叶绿素含量降低，叶片枯黄，新叶淡绿。

②缺磷：

植株生长缓慢矮小，分支或分蘖减少，叶小易脱落，叶色一般呈暗绿或灰绿色。

③缺钾：

老叶和叶缘先发黄，进而变褐，叶片上出现褐色斑点或斑块，但叶中部、叶脉处仍保持绿色。随着缺钾程度的加剧，整个叶片变为红棕色或干枯状，茎秆柔软无力。

④缺铁：

顶端幼嫩部位失绿。初期，叶脉仍保持绿色。严重缺铁时，整个叶片发黄并逐渐枯死。

⑤缺镁：

首先导致植株中下部分老叶叶脉间色泽变淡，由淡变黄再变褐，严重时叶片枯萎脱落，还会出现大小不一的褐色或紫红色斑点。

缺铁症状

（3）如何施肥

一般春秋两季是植物施肥的重点时期。在春季叶片生长后应施薄肥，种类以氮肥为主；在秋季，植物需要吸收大量的养分进入休眠期，以供来年的生长和保证安全过冬，应施重肥，种类以磷钾肥为主。在傍晚盆土干燥的时候进行施肥，薄肥勤施，重肥隔天一定要浇水让其充分淡化吸收。

（4）施肥要点

①树木受伤、有病害、生长弱势的不能施肥；

②当年新翻盆的不可施肥；

③盆土潮湿时，一定要等干透后再进行施肥。

4. 树木盆景的翻盆

盆景定期翻盆的目的是对土壤板结和根系过于密集，造成不透气、不透水，严重影响植物对水分和养分的吸收等情况进行调整，恢复其长势。

（1）如何判断是否需要翻盆换土

①根据树木的大小：

微型树木盆景一般在 1—2 年左右，中型树木盆景一般在 3 年左右翻盆，大型树木盆景一般在 5 年及以上翻盆。

②根据树木的长势：

一般来说根系发达、生长快、枝叶茂盛、喜肥的树种，宜勤翻盆；根系不发达、生长慢、枝叶瘦弱的不宜多翻盆。

③特殊情况：

盆中有病虫害和其他非正常情况，也需及时翻盆。

（2）翻盆的时间

一般在 3 月初至 4 月初为宜。

（3）翻盆方法

掏空盆内四周土

用木棍向里顶出

①脱盆：

先把盆四周土掏空，将盆倒伏，用小木棍从排水孔向里顶出。

用工具剔除旧土

②去土：

用工具剔除四周一半左右的旧土，如遇根系少的可少去一些。

修根

③修根：

去土后对老根、枯根、病根进行修剪。

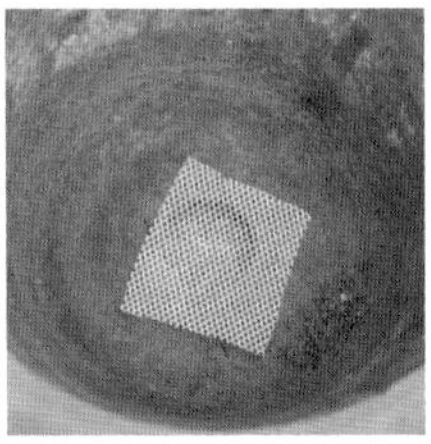
垫丝网

填颗粒土

铺新土

将树木放入

四周填土

④上盆：

选择合适的新盆后，盆底铺好丝网，然后填上一层颗粒土（赤玉土），再铺一层新土，将树木放入，调整树姿，最后在周围填土并用竹片沿盆边扦实。

用竹签沿盆边四周扦实

浇水

⑤浇水：

上好盆后，浇透水，确保盆内土壤完全湿透，并放置于阴凉通风处，避免阳光直射。待一周后服盆，可移至正常环境下养护。

二、山水盆景的养护管理

山水盆景的日常养护较树木盆景来说相对简单。

一是盆面的清洁，二是石料的清洁，三是植物的养护。

第一，盆面上的灰尘和泥沙，可以先用刷子进行清理，再用湿巾擦拭，毛巾擦干。

第二，山石一般用毛刷除去一些灰尘、污渍即可。

第三，植物要根据其习性进行养护管理，比如其喜阴喜阳、喜干喜湿、是否抗寒、有无病虫害等，对于青苔则要经常喷水让其保持湿润。

三、病虫害症状及预防

盆景病虫害主要以预防为主，在未产生病虫害前进行药物或生物防治，减少病虫害对植物的伤害。产生病虫害后应将盆景摆放在通风、日照条件好的地方，定期对盆景进行修剪，保证内部通风、透光，有效地控制病虫害发展。

1. 常见病害症状

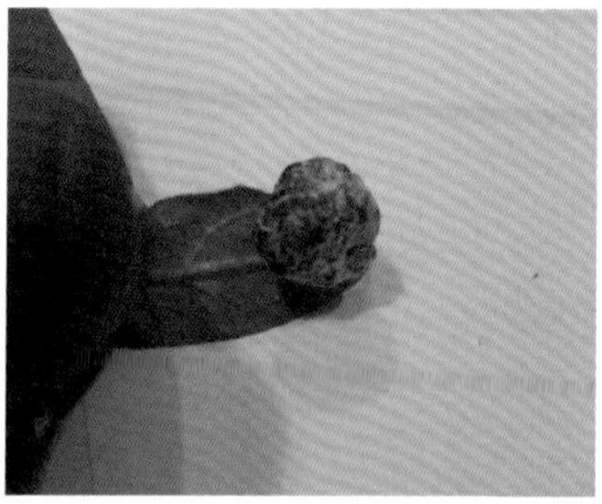

（1）叶肿病

杜鹃盆景常见病害，多发生于春季，叶片肿大，表面布满白色粉状物。

（2）叶斑病

多发生于潮湿、不通风的环境，叶片表面出现斑点，斑点扩大后，叶片发黄掉落。

（3）煤污病

一般多发于春季或秋季，由于蚜虫或介壳虫的分泌物附着于叶片表面，其黏性吸附周边的灰尘、粉尘等，造成叶面发黑。

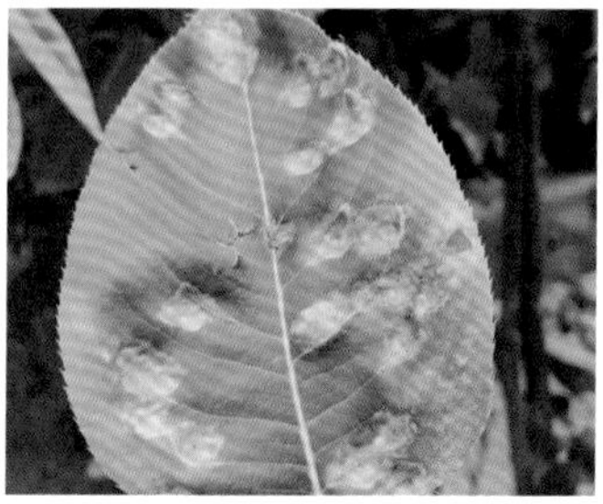

（4）锈病

常见于柏树、海棠、木瓜等盆景，该病会在叶子表面产生大小不一的疱点、毛状物，导致叶片掉落。

2. 常见虫害症状

蚜虫

天牛幼虫

蓟马

蛴螬

拙政园 盆景园

第五章

盆景的配饰

一、盆器

盆景是由景、盆、架三者组成的艺术品。没有盆，就不能称之为盆景。

盆景所选的盆分为两大类：树木盆景用盆和山水盆景（含树石盆景）用盆。

1. 树木盆景用盆

（1）以盆的形态来分：

常见的有长方盆、圆盆、方盆、椭圆盆、六角盆、八角盆及异形盆。

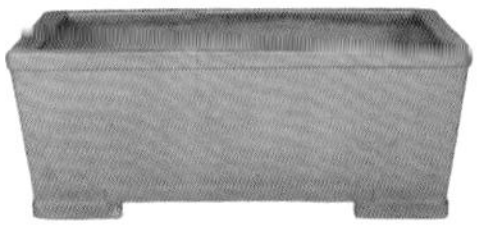

直口连足线长升方盆

开光贴铜钱纹敞口三足圆盆

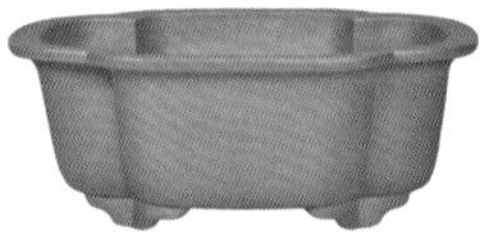

漂口筋囊海棠盆

镂雕花卉开光六方盆

（2）以制作材料的质地来分：

紫砂陶盆、釉陶盆、瓷盆、石盆、云盆。

紫砂圆盆

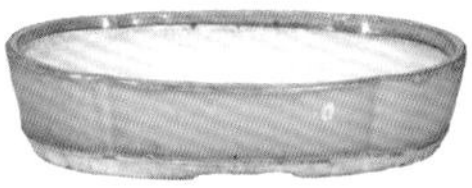

宜钧蓝釉海棠形花盆

天蓝釉束腰敞口圆盆

蓝釉尊形瓷盆

2. 山水盆景（含树石盆景）用盆

（1）以盆的形态来分：长方盆、圆盆、方盆、椭圆盆及异形盆。

（2）以制作材料的质地来分：大理石盆、汉白玉盆。

（3）山水盆景选盆一般以浅盆为多，色泽一般都较浅，常见的有白色、淡蓝色、淡黄色等。

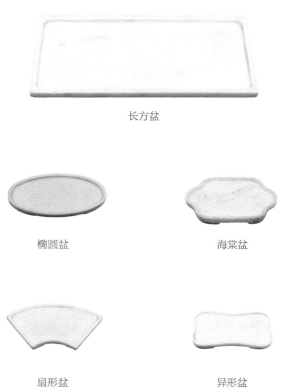

长方盆

椭圆盆

海棠盆

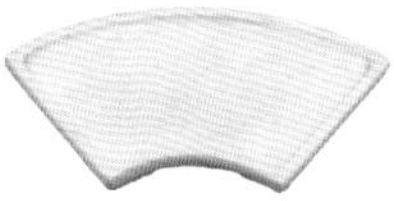

扇形盆

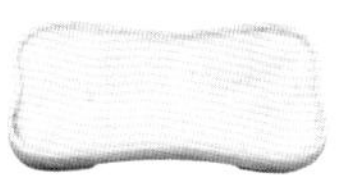

异形盆

二、几架

几架并不是可有可无的盆景附属品，而是整个盆景不可分割的组成部分。盆景放在精美的几架上，二者相互衬托，相映成趣，更显别致。精美的几架本身也是具有欣赏价值的艺术品。评价一件盆景艺术品的优劣，几架的样式和制作是否精美亦是很重要的因素。

1. 几架的常见材料

（1）木材几架

盆景所用几架大多由木材加工而成，其中以鸡翅木、酸枝木、榉木、楠木、紫檀等硬质木材制作的几架为上乘。

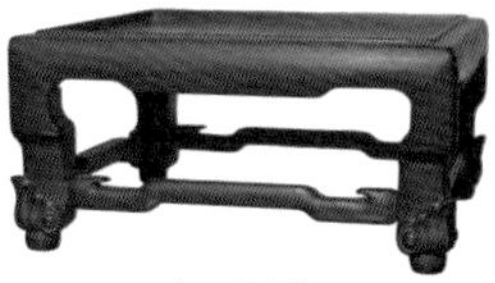

方形几架

方形几架

花几

（2）竹子几架

用竹子加工制成的几架，自然纯朴、色调淡雅、架身轻巧，搬动方便，是我国南方常用的几架之一。

（3）陶瓷几架

用陶瓷制作盆景几架由来已久，有一种模仿树根造型的陶瓷几架，别致古朴、色泽各异，是很好的观赏艺术品。

（4）金属几架

用钢铁棍、三角铁、铁管、铁板、铜板及铝合金板管等金属材料，经过焊接、铆合等加工而成。

（5）石质几座

用天然石料经雕琢、打磨等艺术加工而成。

九狮墩底座

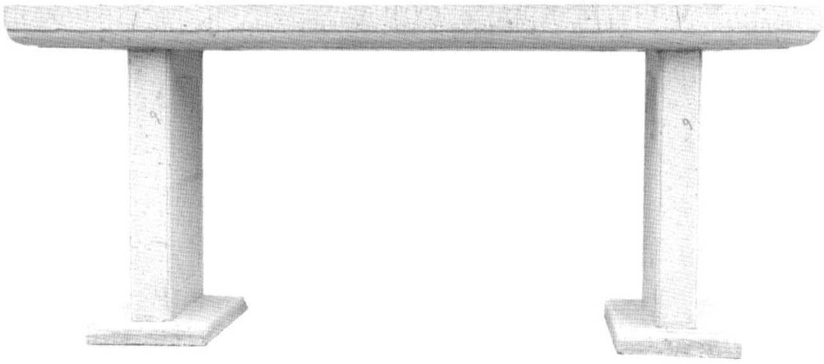

花岗石几架

（6）树根几架

用自然树墩或树的根部，经过加工制作而成。

2. 几架的式样

（1）桌上式

这类几架体积较小，需放在桌案之上，在其上再放置盆景，故称桌上式。这种几架在盆景陈设中是用得最多的一种。其式样有：长方形架、圆形架、方形架、椭圆形架、六角形架、两搁架、四搁架、书卷架、博古架、高脚连体架等。

圆形几架

四搁几

长方形几架

（2）落地式

这类几架比较大，可直接放在地面上，在其上再放上盆景。故称落地式。

常用落地式几架有：长方桌架、圆桌架、方桌架、方高架、圆高架、高低连体架等。

（3）挂壁式

把博古架挂在墙上，称之为挂壁式几架。

常见的式样有：长方形架、圆形架、六角形架、花瓶形架等。

3. 几架与盆景的匹配

几架与盆景的匹配关键是协调，同一样式的盆和几架相配，只要高低、大小合适，一般是协调的。如：

（1）悬崖式树木盆景应配较高的几架，但种植于签筒盆中的悬崖式树木盆景也可以配较低的几架。

（2）圆盆要配圆形几架。

（3）长方形盆、椭圆形盆应配长方形几架或书卷几架。

（4）自然树根的平面多呈圆形或近似圆形，配圆形几架比较美观。

（5）长方形或椭圆形山水盆景，常配两搁架或四搁架。

（6）配架注意事项：

①必须注意几架的顶面要略大于盆底（两搁架、四搁架除外），这样放上盆景才会显得平稳且较美观。

②几架也不能过大，否则显得盆景偏小而不和谐。

③凡是浅口盆都不宜配高架，常是在落地式几架之上，再放置一个低矮几架，然后把盆景置于这个几架上面。

三、摆件

盆景是大自然的缩影，除了以树木、山石来表现大自然的美景外，还必须适当地布置摆件，以丰富景观、启发观赏者的遐想，使人感受到作品的诗情画意。

1. 摆件在盆景中的作用

（1）可以形成诗情画意，表达盆景的意境。一盆作品即使在各方面都已达到艺术要求，如不能配以一些摆件，就不能引起观赏者的共鸣。

（2）可以作为构图的尺度因素，在盆景中起到比例作用，显示“小中见大”的艺术效果，并体现其高远、深远、平远的意境。

（3）可点名命题。如《松鹤延年》《寒江独钓》《风雨归舟》等都是以摆件命题的。

2. 摆件的布置规律

（1）摆件布置的数量，应根据题材需要和意境来决定，不宜过多，否则画蛇添足、喧宾夺主。

（2）摆件的大小比例要得当，大则起不到烘托作用，小则不显眼，都不能引起观赏者的联想共鸣。

（3）摆件放置的位置要合乎情理，可根据题材的需要，再参考《山水诀》所说：回抱处僧舍可安，水陆边人家可置。“山腰掩抱，寺舍可安；断岸坂堤，小桥可置；有路处则林木，岸绝处则古渡，水断处则烟树，水阔处则征帆，林密处则居舍。”

（4）摆件放置的位置要有隐有露。古人云：“景愈藏，境界愈大；景愈显，境界愈小。”所以摆件的布置，宜藏而少显，不露全形，使意境含蓄，似弦外之音。

（5）摆件的色彩以素雅为好，大红大绿过于耀眼，会破坏意境构图。

（6）摆件的质量要好，摆件要形态逼真，与盆景相协调，否则会破坏盆景的构图。

3. 摆件的种类和材料

（1）种类有：

亭、台、楼、阁、榭、舟、人物及动物。

（2）材料有：

①金属摆件：这种摆件一般以熔点低、着水不生锈的铅、锡等金属灌铸而成，其优点是价格低、耐用、不易损坏。不足之处是色泽不易和景物协调，日久易掉漆。

②陶及釉陶摆件：用陶土烧制摆件，不上釉者为陶质摆件，上釉者为釉陶摆件。陶及釉陶摆件以广东石湾出产的最为有名。

③石质摆件：多用青田石雕刻而成，色泽有淡绿、灰黄、白色等。其优点是易和景物相协调，不足之处是多数石质摆件制作粗糙，不如陶质或金属摆件精巧，还易损坏。

④其他材料摆件：用木、砖、蜡等材料制作而成的摆件，材料来源方便，可就地取材，只要制作技艺熟练亦可制成上好摆件。

第六章

盆景的艺术欣赏

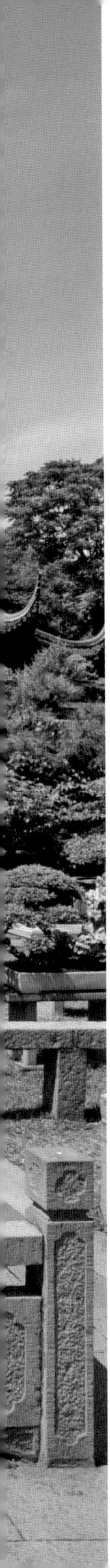

虎丘　万景山庄

一、树木盆景佳作赏析

《秦汉遗韵》

树种：圆柏
作者：朱子安

苏派盆景代表作品之一。此柏铁骨铮铮，枯干一段，正是历尽数百年风雨沧桑的真实写照。枯干右侧一路主干，三五枝片，鳞叶苍翠，四季常青，一派生机；枯干基部一枝片横空飘出，不但填补了空白，而且能与整个枝群融为一体；顶片处理则采用江南大树成年后典型的圆弧形结顶。作品构图简洁，主干微斜，而动势十足，显得飘逸洒脱；枝片似虚而实，疏而不散，意韵清远，有秦松汉柏之势，故名“秦汉遗韵”。造型简洁生动，犹如中国画的“大写意”。盆景被誉为“立体的画”“有生命的文物”。景盆为明代制作的大红袍莲花盆，盆座为元末张士诚驸马府中的遗物——九狮石墩，古桩、古盆、古架三位一体，被誉为“国宝级盆景”。

《奇柯弄势》

树种：圆柏
作者：苏州万景山庄

苏派盆景新一代作品。枯干嶙峋，形同舍利，桩形奇特；富有极强生命力的主干从枯干右后方挺拔而起，枝片苍翠，既富层次，又能融为一体，亭亭如盖。苏派盆景中的单干式桩景，因其主干苍劲古朴，极富天然之姿，所以在造型时大多顺乎天然，不弯不曲，不作人工斧凿，只对各枝片进行绑扎定位，这种方法被称为“半扎法”；造型后枝片分布富有层次，并具有高耸入云的感觉。作品利用“粗扎细剪”的苏派技法，将刚毅挺拔的树姿与略具奔趋之势的枯干相映衬，形象生动鲜明，新陈对比明显，极具非凡气势，具备苏派盆景的典型特征。

《酡颜弄舞腰》

树种：红果（红占果）
作者：陆学明

岭南派盆景代表作品之一。主干斜出，屈曲自然，离基部稍远处分出次干，至中部一带顺势伸展出一蜿蜒“大飘枝”，显得轻灵飘逸、潇洒自然，并能和树势相互呼应、相得益彰；枝片布局简洁而明快，整个造型动势十足，如临水大树摇曳在和煦的春风里；亦似双人的冰上舞姿；新叶初发微红之际，更似酒后红颜，或有虞姬舞剑般的婀娜婆娑之姿，或有贵妃醉酒般的轻盈妩媚之态。传统岭南派盆景在风格上或雄浑苍劲，或潇洒飘逸，作品在吸收传统风格的基础上，借鉴南方水乡临水大树的飘逸姿态，创作出水景式“大飘枝”的独特造型。

《翠云》

树种：瓜子黄杨
作者：万觐棠

扬派“台式”盆景中的代表作品之一。扬派盆景根据“枝无寸直”的原理，用棕丝把枝条扎成“一寸三弯”的程度，并把枝叶剪扎成极薄、酷似蓝天上的朵朵“云片”，如果把一盆清水放置到“云片”之上，也不至于会倾覆。用棕丝制作盆景的棕法（称棕路）经历代艺人的探索、提炼，由简单到复杂，经过不断改进，有扬棕、撇棕、平棕等 11 种之多，并有所选择地应用于黄杨、桧柏等树种的枝片上。作品承继了明清以来扬派“台式”盆景的传统造型，主干半枯，屈曲如苍龙入云端，云片好似深山野林中朝暮飘渺的浮云，神韵天成。整个造型中枝片青翠似万年灵芝，气势恢宏，充分体现了“造型如字体，片状如云层”的扬（州）泰（州）盆景的地方特色。

《方圆随和》

树种：六月雪
作者：陈思甫

川派规律类（规则式）造型中“方拐式”盆景的代表作品之一。将主干弯变成“弓”字形的方形弯，枝盘六层，并在弯角处引出枝片。这种造型的盆景常从幼树开始培育，所花时间较长，难度高，如用垂丝海棠蟠扎常需15—20年的时间，还需精心护理才能成型，所以现在几乎绝迹。而六月雪的生长速度相对较快，萌芽力强，相对而言，比垂丝海棠容易培育些。作品桩头裸根斜出，主干在同一个立面上来回作方形弯曲，弯曲处所出的枝盘近左右对称、成对排列，枝盘平整，微微下倾，为典型的“平枝式规则型”枝盘造型。整株造型雄浑壮观，形似翠塔，给人以一种韵律之美和程式之美，虽然它的生命表达受到一定的限制，然而却能方圆随和，表现出无限的生命力，观赏者可从中领悟到生命之美。

《蛟龙探海》

树种：日本五针松
作者：殷子敏

海派盆景代表作品之一。作品为一悬崖式盆景，主干苍劲嶙峋，斜垂于千筒盆之外，顺势屈曲而下，利用绑扎技法对枝片高下、左右定位，显得既富层次而又不失自然。尤其是顶片的处理，利用主干上部较粗的主枝，向上内弯，宛如惊龙回首，气势非凡；丰满而自然的造型，既弥补了作品上部无枝片的不足，同时又形成了自上而下的丰富层次，并与底部枝片相呼应，形成了回环之势。作品造型如同蛟龙探海一般，矫健峭拔；也颇具飞舞之势，宛如黄山绝壁之上的舞松，迎着风吹，伸展着优雅飘逸的枝片，显示出独特的气质和魅力。

二、山水盆景佳作赏析

《夕阳西照》

材料：海浮石
作者：汪彝鼎

海浮石属于软石类石种，其制作不同于硬石造型，主要靠雕凿手段，要求加工一次成型，必须做到意在笔先。用软石类材料进行创作，完全靠个人对大自然的想象力、观察力，要有丰富的造型技巧与构图能力，包括对石材的把握能力。软石造型可分为近景式造型和远景式造型两大类：近景式常以表现悬崖、峡谷，远景式则多以全景式平远山水为主。此作品属于远景式造型，是写意与写实的结合，反映了整个远山全貌的全景式构图，它以平远山水为布局，借鉴中国画中的皴法来表现山体脉络，山峦起伏，低排秀丽，峰与峰之间过渡自然，纹理统一。夕阳西照，青山依旧，渔歌唱晚，而将古塔置于次峰之上，远看塔影逼近渔村村落，好一派田园牧歌式的诗意景象，不愧为一盆创作功力极厚的山水盆景佳作。

《大江东去》

材料：英石
作者：盛定武

凡作画意在笔先，大江东去浪淘尽，作品立意鲜明。作者选用了中国四大名石——广东英德石作为创作素材，这一石料质感浑润，纹理细腻，颜色厚重，有利于主题表现。在布局上，为突出主题，特选一块体量不高但山形起伏动态感强的主峰石。在主峰石的前后，配以数块大小不一的石块，组成一个有前有后的主体景观。左边配置了一组和主体景观形态统一的配峰。山体上配置的小植物，赋予了盆景生命力。作者围绕“动”做文章，表现了积极向上、勇往直前的人文精神。

《层峦叠翠》

材料：斧劈石
作者：苏州留园

层山远嵯峨，峰峦多峻峭，叠上千仞壁，翠微丛丛抛。作者采用极普通的石种——斧劈石来创作，恰好最能表现本作品的意境，可谓匠心独运。在长方盆右边由四组高低不同的峰峦组合成竞秀的山体，左边配置一组小山峰加以呼应衬托，成为全景式的画面。山体之间的植物配置丰富，比例适宜，隐现出郁郁葱葱的生命力，勾勒出一幅山水长卷。

三、树石盆景佳作赏析

《古木清池》

材料：榔榆、龟纹石
作者：赵庆泉

作品是典型的水旱式盆景，以数株大小不一的榔榆和龟纹石、浅口水盆为主要材料。在构思布局上，着重强调主景树的表现和塑造。其根裸露，自然有力，仿佛历尽沧桑，饱经风吹雨打，支撑着粗壮古老的躯干。主景树欹侧天空，顶端微微昂起，一主侧枝洒脱地甩向池面，与水相映。根盘虽然坐盆面的右侧，但树冠却随主干的倾斜而充斥左侧大部分空间，有着强烈的动感趋势。配树则紧紧围绕着主树有近有远、有粗有细地与之呼应。山石既分开了水面与旱地，又与树木起到对比作用。整件作品多样统一，表现出古木清池的优美画境。

《相聚有缘共写意》

材料：榔榆、宣石
作者：胡建新

作品以 5 株大小、粗细不一的雀梅为主要素材，配以形态自然、纹理细腻、平时极少用的安徽宣石，在长椭圆形的山水盆中，构成一片幽静的丛林。树木采用典型的一角式布局，从左往右逐渐过渡，利用透视的原理、奔驱的强烈动势感，构成一个不等边的三角形。河岸的处理弯曲自如、平缓舒畅，点石布置完善整个画面。5 株树木犹如 5 位来自五湖四海的友人有缘相聚在一起，共同写意出美丽的图画。

四、合栽式盆景佳作赏析

《饮马图》

材料：榆树
作者：周瘦鹃

清代“金陵八大家”之一的画家龚贤在《画诀》中针对树木的配置，说：“二株一丛，必一俯一仰、一欹一直、一向左一向右。”强调的就是对立统一。作品的两株小榆树根据画理构图，栽种在盆中，一高一矮、一直一斜，相辅相成。两树树冠相互呼应，既是一个整体，又各具姿态。根干处植以丛竹，配以山石，缀以陶马，布置手法简练，意境深远，展现出一幅纯朴而简练的江南景象。

周瘦鹃先生在苏州时，时常到郊外察看民俗风情，欣赏名胜风景。因一次到城外枫桥，看到牧童骑在牛背之上悠闲自得的情景，便创作了《放牧图》盆景。后易牛为马，更名《饮马图》。

《云蒸霞蔚》

材料：大阪松
作者：朱子安

在大理石长方形浅盆中，将两株大阪松合栽，两松之间用灵璧石、英石立峰各一块作过渡联系，加强树与树之间的呼应联系。两松一主一辅，一高一矮，苍翠刚劲，清葱欲滴，层次分明；两石峻奇多姿，纹理自然；整个作品桩叶细密，造型优美，如同雾气蒸腾，云霞汇聚，宛如黄山翠松，掩映于云雾之中，蔚为壮观。

苏派盆景在精心选取乡土植物作为盆景创作的主要材料外，紧贴时代发展，不断创新，也引进诸如日本五针松、锦松等适于在江南生长的外来树种，以丰富盆景素材。在合栽式盆景中，由于树基根头粗大，并栽时常常不能连为一体，如用山石作填充，则显得自然而贴切，更富自然情趣。

《四世同堂》

树种：大阪松
作者：上海植物园

海派合栽式盆景代表作品之一。合栽式树木盆景的株干多以奇数配置为主，在创作过程中，注重对植物材料的选择，精心布局。正如中国画巨匠齐白石所说的“十年种树成林易，画树成林一辈难”，合栽式盆景犹如绘画，需要煞费苦心地经营，才能创作出成功的作品。该作品打破陈规，以大小不同的四干进行合栽，并汲取日本合栽式树木盆景的技法，四株树木如出同源，主树高耸、粗壮，具有掩盖呵护之势，其他三株则作仰枝呼应之态，颇具家庭和睦、团结一心之意。同时因其配置得法，树与树、枝片与枝片之间显得主次分明，偃亚层叠，极富层次感。而高逾一米的主松能在其不及十分之一米的盆中健美地生长，可谓“高林薄土，老而弥健”，这与日本五针松的生命顽强及养护管理水平的高超是分不开的。

《刘松年笔意》

树种：日本五针松
作者：潘仲连

浙江盆景代表作品之一。浙江的杭州和温州多以松柏类植物作素材，尤其善用日本五针松拼植，巧于组合，擅作高干合栽式盆景，盆景整体茂盛苍劲，高耸飘逸。此作品用两树合栽，左侧副株由基部以斜势分出一干，在两树直势之间，加以过渡，意在两树间求联系，统一中求变化。整个作品由右侧主株在三分之一高度处，向左分出一遒劲折曲枝片开始，向上逐层收缩，枝片相互映照，参差互补，显得苍劲浑厚，含蓄而庄重。在创作过程中将原本上扬的粗枝条，作开刀弯曲处理，使得各个枝片微微倾斜，以表现大树的苍老古朴之趣。作者以“南宋四大家”之一的钱塘（今浙江杭州）画家刘松年所写的西湖周边挺拔高松为蓝本进行创作，自有一种刘氏笔下的萧散而淳厚的风韵。

五、壁挂与微型盆景佳作赏析

《武陵神韵》

材料：砂积石
作者：李成翔

这是一幅用砂积石精心创作而成的壁挂式盆景，它犹如一幅精致淡雅的中国山水画作。右下主景（近景）占据了近一半画面，由蹬道拾级而上越过山口，仿佛就会转入晋代陶渊明笔下的武陵桃花源中。山口两侧峰峦层叠，杂树丛生；山口内云雾萦绕，如同仙境。山口左侧则由山后两溪流汇聚而成、穿越天桥奔流而下的一条瀑布挂于前川，与上蹬的小道，一下一上，一动一静，恰成对比，并在宁静的画面中寓有动势。背景以突兀的山峰作衬托，更有远山隐隐，层次分明，意境深远。作者以盆为纸，以石为绘，精心布局，峰石雕刻细到精致，塑绘兼施，植物配置细腻，白云层雾，写照传神，赋予了中国山水画般的个性化艺术生命，着实令人神往。

《窈窕》

作者：李为民

“行之苟有恒，久久自芬芳。”（崔瑗《座右铭》）这是以各类植物组成的博古架，用来比喻美好的德行或名声。此作品是一组苏州一带比较传统的博古架，其犹如一幅清韵生动、幽雅秀丽的国画。整幅画面由十余盆形态各异的微型植物盆景和山水、树石盆景组成，个性突现，无论是曲干、临水，还是悬崖、斜卧诸式，各具姿态。景物虽小，却透露出古朴苍劲的大树之势，枝干飘逸潇洒，舒展自如。每一盆小盆景的放置，根据盆景的大小、形式等有机组合而成，而在右下点缀的树石和山水盆景又给整个博古架带来了几分变化和情趣，显得协调而得体。整个作品在艺术手法上做到动静相宜、以小见大、刚柔相济，让人深深感受到组景的艺术魅力所在。

《烟云秀色》

作者：王元康

博古架的类型众多，这是一只多层而又具有凹凸起伏变化的集锦槅子，陈设着造型各异的植物类微型盆景，极富趣味。每一格子之中，都以组景布置，每个微型盆景都是景、盆、架一应俱全，而且款式各异，无一雷同；各类摆件，如人物、笔筒、茶壶、吊脚楼等都是古代文人生活、把玩的日常之器，尤其是在博古架右上角陈设的一组由拂尘、瓶插和双面绣组成的摆件，体现了这一在室内陈设古玩珍宝的“博古”特色，更是平添了几分情趣和变化。整件作品陈列摆布的十一件微型盆景和一组拂尘等附件，有高有低，错落有致，丰富多彩，相得益彰，件件都是雕刻精致、工艺水平极高的艺术品，给人一种琳琅满目、美不胜收的视觉冲击。

参考书目

《盆景学》，彭春生、李淑萍主编，2010 年 1 月版，中国林业出版社

《中国树石盆景》，张志刚著，2016 年 9 月版，中国林业出版社

《水石盆景创作》，乔红根编著，2011 年 3 月版，上海科学技术出版社

《中国山水盆景》，汪彝鼎编著，2009 年 5 月版，上海科学技术出版社

《掌上大自然》，兑宝峰编著，2017 年 2 月版，福建科学技术出版社

《图解树木盆景制作与养护》，黄翔编著，2017 年 4 月版，福建科学技术出版社